21世纪职业教育规划教材

机械图样识读与零件测绘

主　编　周　红

参　编　（按姓氏笔画排序）

汤东妹　李旭贞　吴　敏　邹　岚

周伟倩　赵　晏　傅建新

主　审　黄汉军

上海科学技术出版社

国家一级出版社
全国百佳图书出版单位

图书在版编目（CIP）数据

机械图样识读与零件测绘 / 周红主编. —上海：
上海科学技术出版社，2019.6(2022.9 重印)
21 世纪职业教育规划教材
ISBN 978 - 7 - 5478 - 4329 - 1

Ⅰ.①机… Ⅱ.①周… Ⅲ.①机械图－识图－职业教
育－教材②机械元件－测绘－职业教育－教材 Ⅳ.
①TH126②TH13

中国版本图书馆 CIP 数据核字(2019)第 020198 号

机械图样识读与零件测绘

周 红 主编 黄汉军 主审

上海世纪出版(集团)有限公司
上海 科 学 技 术 出 版 社   出版、发行
(上海市闵行区号景路159弄A座9F-10F)
邮政编码 201101 www.sstp.cn
上海当纳利印刷有限公司印刷
开本 787×1092 1/16 印张 12.5
字数 260 千字
2019 年 6 月第 1 版 2022 年 9 月第 3 次印刷
ISBN 978 - 7 - 5478 - 4329 - 1/TH·79
定价：69.00 元

本书如有缺页、错装或坏损等严重质量问题，请向工厂联系调换

内容提要

　　本教材根据上海市教委颁发的《中等职业学校机电技术应用教学标准（修订稿）》，结合机电技术应用专业技能型人才培养目标，按"应用型、实用性、够用性"的原则编写。教材共分 7 个单元，主要内容包括制图的基本知识与技能、基本几何元素的投影、几何体三视图的绘制、机件结构形状的表达、标准件与常用件的表达、零件图的识读与零件测绘、装配图的表达与识读等。

　　本教材是立体化教材。读者通过扫描教材封底的二维码下载 APP，扫描教材有标识的图片，可以动画交互演示作图步骤、机械零部件及装配体的空间结构、工程应用，可实现人机互动，替代教学模型和挂图，并方便教师备课和教学。教材针对中职学生的认知特点，适当增加了趣味性、拓展性。教材还在出版社官网（www.sstp.cn）"课件/配套资源"栏目免费提供课件等电子教学资源，供读者特别是教师用户参考。

　　本教材按 80～120 学时编写，可作为中等职业学校机械类专业和机电类专业机械制图课程多学时教材，也可作为高职高专院校机械类、近机类专业的教材，并可供有关工程技术人员参考或培训使用。

前　言

机械图样是工程界和工程技术人员的"共同工程语言"。作为研究阅读和绘制机械图样的原理、方法的机械制图课程，无疑是工程类特别是机械专业最重要的技术基础课之一。本教材根据上海市教委颁发的《中等职业学校机电技术应用教学标准(修订稿)》，结合机电大类技术技能型人才培养目标，按照"应用型、实用性、够用性"的原则编写。教材共分7个单元，内容包括制图的基本知识与技能、基本几何元素的投影、几何体三视图的绘制、机件结构形状的表达、标准件与常用件的表达、零件图的识读与零件测绘、装配图的表达与识读等。

教材主编全面分析了近几年来中高职学校机械制图课程教学改革的经验与不足，并结合自己的教学改革成果，设计了本教材的编写思路。教材编写特色如下：

1. 落实"识图为主、应用为本、够用为度"的原则

本教材的编写，紧扣中等职业教育的培养目标，尽量降低起点，内容上坚持"少而精"；知识沿用学科体系并保持其逻辑性，便于学生理解；例题、练习结合工程应用，体现"密切关联工程，紧扣实践应用"的策略，落实中职学校"识图为主、应用为本、手绘增强"的教学要求；增加"拓展应用"等小栏目，适当增加趣味性、拓展视野、增强工程性，适应中职学生的认知特点。

2. 融合信息化技术，开发立体化教材

本教材配有数字化资源和基于信息技术的教学平台，依托增强现实(AR)技术，通过扫描教材封底的二维码下载 APP，扫描教材有标识的图片，可以动画交互演示作图步骤和机械零部件的空间结构、工程应用，能展示零件在生产中应用的实景、机器工作原理，使"静图"变"动图"，增强感性认识；启蒙学生对机械生产的认识，解决学生空间想象力不足、工程感性认识少和作图过程不能可视化的难点；不仅替代教学模型和挂图，还可实现人机互动，方便师生教与学。

本教材按80～120学时编写，可作为中等职业学校机械类专业和机电类专业机械制图多学时教材，也可作为高职高专院校机械类、近机类专业的教材，并可供有关工程技术人员参考或培训使用。

本教材由上海石化工业学校黄汉军担任主审，由上海石化工业学校周红担任主编并统稿。具体编写分工如下：上海石化工业学校赵晏编写单元一，单元四的任务一～任务六，单元五；周红编写单元二，单元三的任务一、任务二，单元四的任务七；上海食品科技学校邹岚编写单元三的任务三、任务四；上海电子工业学校李旭贞编写单元三的任务五、任务七；上海电子工业学校吴敏编写单元三的任务六；上海石化工业学校周伟倩、傅建新、汤东妹共同编写单元六、单元七。教材数字资源 APP 由上海历影数字科技有限公司配合编者设计制作。

上海食品科技学校谭平、上海科技管理学校黄卫芳、上海市奉贤中等专业学校朱勇、上海石化工业学校栾承伟等老师对教材编写提出了许多宝贵意见和建议，在此表示衷心感谢。

由于编者水平所限，加之创新和立体化教材开发之尝试，书中难免会有疏漏和差错，欢迎任课教师和广大读者批评指正，并将意见或建议反馈给我们（主编 QQ：2583781618）。

编者

本书配套数字交互资源使用说明

针对本书配套数字交互资源的使用方式和资源分布,特做如下说明:

1. 用户(或读者)可持安卓移动设备(系统要求安卓 4.0 及以上),打开移动端扫码软件(不包括微信),扫描教材封底二维码,下载安装本书配套 APP,即可阅读识别、交互使用。

2. 插图、表格标题后有加"📖"标识的,提供动画等数字资源,进行识别、交互。具体扫描对象位置和数字资源对应关系参见下表:

	扫描对象位置	数字资源类型	数字化的内容
单元一	图 1-19		圆内接五角星绘制
	图 1-30		手柄平面图形绘制
单元二	图 2-1		投影法概念
	图 2-6		三视图的形成
	图 2-9		点的投影
单元三	图 3-4		六棱柱三视图的形成
	图 3-5		六棱柱三视图绘制
	图 3-8		四棱锥三视图的形成
	图 3-9		四棱锥三视图绘制
	图 3-13		圆柱的形成
	图 3-15		圆柱三视图绘制
	图 3-16		自行车前轮心轴视图绘制
	图 3-18		圆锥的形成
	图 3-20		圆锥三视图绘制
	图 3-21		伞形回转顶针视图绘制
	图 3-30		六棱柱截交线绘制
	图 3-31		三棱锥截交线绘制
	图 3-33		圆柱斜切截交线的画法
	图 3-34		联轴器接头三视图绘制
	图 3-35		平面截切球截交线的类型
	图 3-37		两圆柱正交相贯线绘制

扫描对象位置	数字资源类型	数 字 化 的 内 容
图 3 - 42		组合体的组合形式
图 3 - 48		组合体三视图绘制
图 3 - 49		印刷机大支架轴视图绘制
图 3 - 51		组合体的尺寸标注
图 3 - 57		形体分析法读图（一）
图 3 - 58		形体分析法读图（二）
图 3 - 59		线面分析法读图（一）
图 3 - 60		线面分析法读图（二）
图 3 - 67		正六棱柱正等测图绘制
图 3 - 69		"菱形法"近似作椭圆
图 3 - 74		斜二轴测图绘制
图 3 - 80		徒手绘图
图 4 - 2		六面基本视图的形成与展开
图 4 - 6		斜视图投影
图 4 - 7		剖视图的形成
图 4 - 12		剖视图的画法和作图步骤
图 4 - 13		全剖视图
图 4 - 14		半剖视图
图 4 - 16		局部剖视图
图 4 - 20		单一斜剖切平面
图 4 - 21		单一剖切柱面
图 4 - 22		几个平行的剖切平面
图 4 - 24		两个相交的剖切平面
图 6 - 1		齿轮泵分解
图 6 - 7		轴承座表达方案
图 6 - 10		车削加工输出轴
图 6 - 28		齿轮减速器爆炸图
图 6 - 29		齿轮轴
图 6 - 31		减速器箱盖
图 6 - 32		拨叉
图 7 - 1		一级齿轮减速器分解
图 7 - 14		球阀各零件的安装和拆卸
图 7 - 15		虎钳

单元三 / 单元四 / 单元六 / 单元七

目　录

制图的基本知识与技能

技术图样是产品制造、安装、检测等过程中所依据的重要技术资料,是交流技术信息的基本工具。在工程技术领域,技术图样的作用相当于工程语言。国家有关部门颁布了《技术制图》《机械制图》等标准,对图样的内容、格式、表示法等做了统一规定。《技术制图》国家标准是一项基础技术标准,在内容上具有统一性和通用性,在制图标准体系中处于最高层次;《机械制图》国家标准是机械专业的制图标准。《技术制图》和《机械制图》国家标准是绘制机械图样的根本依据,工程技术人员必须严格遵守其有关规定。

任务一　　制图国家标准的认知

 学习目标

1. 正确选用图纸幅面、选用比例,并识读标题栏。
2. 按国家标准《技术制图》规定注写数字、字母、汉字。
3. 按国家标准《机械制图》规定绘制常用图线。
4. 按国家标准《机械制图》规定进行基本的尺寸标注。

国家标准中的每个标准均有专用代号。例如 GB/T 14689—2008,"GB"为国家标准的汉语拼音的缩写,称"国标";"T"表示推荐使用;"14689"为标准的编号;"2008"表示该标准是 2008 年颁布的。本任务选择介绍有关图纸、比例、字体、图线和尺寸标注等的国家标准,其余内容将在以后各单元逐一介绍。

一、图纸幅面及格式

1. 图纸幅面尺寸（GB/T 14689—2008）

为了便于管理图样和合理使用图纸，国家标准规定绘制图样时，应优先采用表1-1所规定的幅面尺寸。

表1-1 图纸幅面及图框尺寸 （mm）

幅面代号		A0	A1	A2	A3	A4
尺寸 $B \times L$		841×1 189	594×841	420×594	297×420	210×297
边框	a	25				
	c	10			5	
	e	20			10	

2. 图框格式

图框分为留装订边和不留装订边两种，分别如图1-1、图1-2所示。同一产品的图样只能采用一种格式，尺寸按表1-1中的规定。一般采用A4幅面竖放或A3幅面横放。

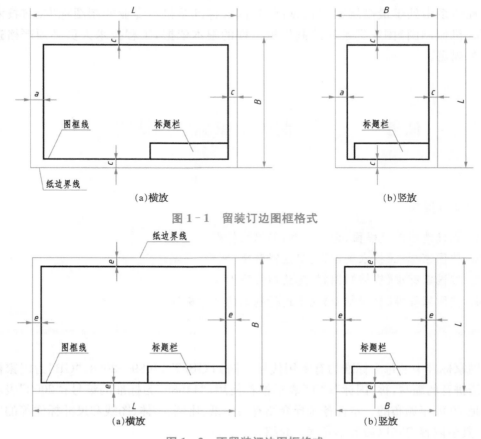

（a）横放 （b）竖放

图1-1 留装订边图框格式

（a）横放 （b）竖放

图1-2 不留装订边图框格式

3. 标题栏(GB/T 10609.1—2008)

每张图样必须有标题栏,如图1－1、图1－2所示。标题栏的内容、格式及尺寸按照《技术制图　标题栏》(GB/T 10609.1—2008)中的规定,如图1－3所示。标题栏一般位于图纸的右下角,标题栏内的文字方向应为看图方向。

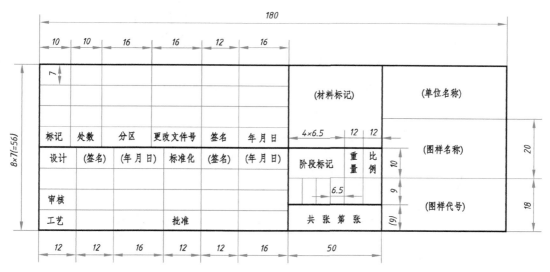

图1－3　国家标准标题栏格式及尺寸

二、比例

绘图比例是指图样中图形与实物相应要素的线性尺寸之比。绘图比例一般应填写在标题栏中的"比例"栏内。

为了能从图样上直接反映出机件的大小,绘图时应尽量采用1∶1的比例。根据机件大小和复杂程度也可采用放大或缩小比例,绘图比例应采用《技术制图》(GB/T 14690—1993)规定的比例,见表1－2。

表1－2　比 例 系 列

种　　类	比 例 系 列 一	比 例 系 列 二
原值比例	1∶1	
放大比例	2∶1　　　　　5∶1 $1\times10^n\colon1$　$2\times10^n\colon1$　$5\times10^n\colon1$	2.5∶1　　　4∶1 $2.5\times10^n\colon1$　$4\times10^n\colon1$
缩小比例	1∶2　　　　1∶5　　　　1∶10 $1\colon2\times10^n$　$1\colon5\times10^n$　$1\colon1\times10^n$	1∶1.5　1∶2.5　1∶3　1∶4　1∶6 $1\colon1.5\times10^n$　$1\colon2.5\times10^n$　$1\colon3\times10^n$ $1\colon4\times10^n$　　　　$1\colon6\times10^n$

注:n为正整数。

注意：不论采用何种比例，图形上所标注的尺寸数值必须是机件的实际大小，与绘图的比例无关，如图1-4所示。带角度的图形，不论采用何种比例，仍按原角度画出。

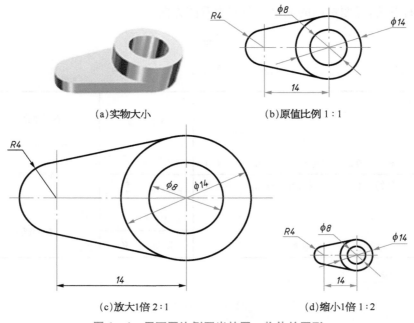

(a)实物大小　　　　　　　　(b)原值比例1:1

(c)放大1倍2:1　　　　　　　(d)缩小1倍1:2

图1-4　用不同比例画出的同一物体的图形

三、字体

在图样中，除了绘制机件的图形外，还需用文字来填写标题栏、技术要求，用数字来标注尺寸等。《技术制图》(GB/T 14691—1993)规定了图样上所用汉字、数字、字母的字体和规格，并要求书写必须做到"字体工整、笔画清楚、间隔均匀、排列整齐"。

字体高度(用 h 表示)的公称尺寸系列为1.8、2.5、3.5、5、7、10、14、20(单位：mm)。字体的号数代表字体的高度，汉字的高度不应小于3.5 mm，其字宽一般为高度的2/3，汉字应写成长仿宋体。作为指数、分数、极限偏差、注脚的数字及字母，一般采用小一号字体。各种字体示例如图1-5所示。

10号字　　**字体工整　笔画清楚　间隔均匀　排列整齐**

7号字　　横平竖直　注意起落　结构均匀　填满方格

5号字　　技术制图　机械电子　汽车船舶　土木建筑

3.5号字　　螺纹齿轮　航空工业　施工排水　供暖通风　矿山港口

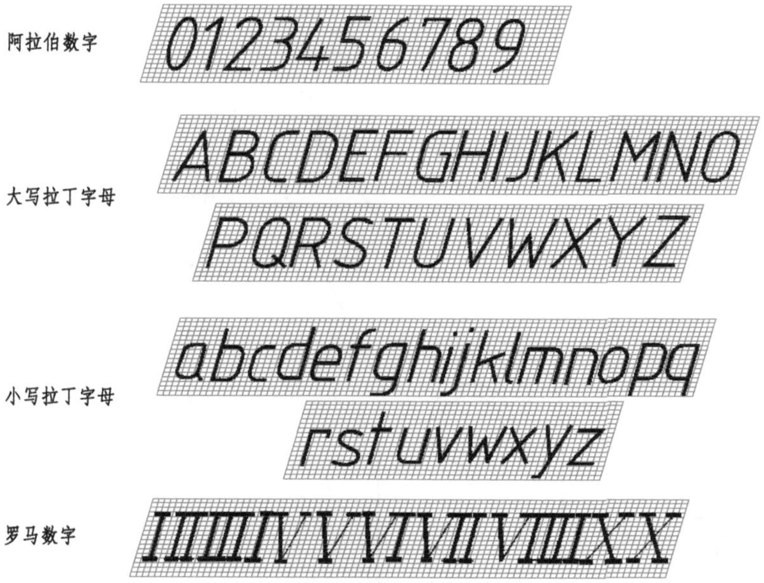

阿拉伯数字	*0123456789*
大写拉丁字母	*ABCDEFGHIJKLMNO PQRSTUVWXYZ*
小写拉丁字母	*abcdefghijklmnopq rstuvwxyz*
罗马数字	I II III IV V VI VII VIII IX X

图 1-5　字体、字母、数字示例

四、图线

1. 图线的类型和应用

《机械制图　图样画法　图线》(GB/T 4457.4—2002)规定了机械图样中可能采用的各种线型及其应用场合。表 1-3 列出了常用的 9 种图线的名称、线型、宽度及主要用途。各种线型的应用示例如图 1-6 所示。

表 1-3　图线的形式及应用

图线名称	图线形式	图线宽度	一般应用
粗实线	———————	d	可见轮廓线、可见过渡线
细实线	———————	约 $d/2$	尺寸线、尺寸界线、剖面线等
细虚线	– – – – – –	约 $d/2$	不可见轮廓线、不可见过渡线
粗虚线	▬ ▬ ▬ ▬ ▬	d	允许表面处理的标示线
细点画线	—·—·—·—·—	约 $d/2$	轴线、中心线、节圆、节线、轨迹线
双点画线	—··—··—··—	约 $d/2$	极限位置轮廓线
波浪线	〜〜〜〜	约 $d/2$	断裂处的边界线、视图与剖视的分界线
粗点画线	▬·▬·▬·▬	d	有特殊要求的线等
双折线	—⌇—⌇—	约 $d/2$	断裂处的边界线

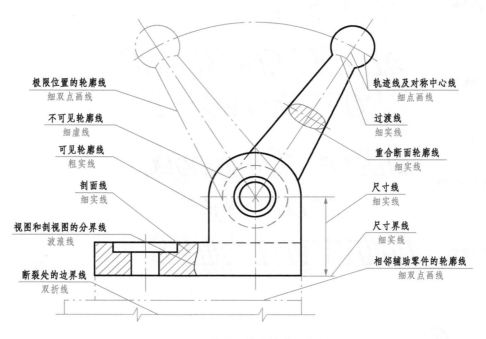

极限位置的轮廓线
细双点画线

不可见轮廓线
细虚线

可见轮廓线
粗实线

剖面线
细实线

视图和剖视图的分界线
波浪线

断裂处的边界线
双折线

轨迹线及对称中心线
细点画线

过渡线
细实线

重合断面轮廓线
细实线

尺寸线
细实线

尺寸界线
细实线

相邻辅助零件的轮廓线
细双点画线

图 1-6 常用几种图线应用举例

2. 图线的宽度

机械图样中的图线分粗、细两种,粗线与细线的宽度之比为 2:1。图线宽度的推荐系列为 0.13、0.18、0.25、0.35、0.5、0.7、1.0、1.4、2.0(单位:mm),粗线的宽度常用 0.7 mm 或 0.5 mm。

3. 图线的画法要点

在同一图样中,同类图线的宽度应基本一致。要特别注意图线在相交、相切和相接时的画法。如图 1-7 所示为图线相交、相接的一些错误画法。

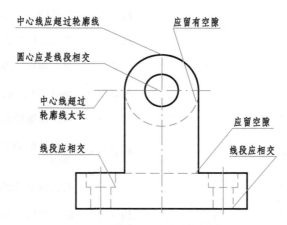

中心线应超过轮廓线

应留有空隙

圆心应是线段相交

中心线超过
轮廓线太长

线段应相交

应留空隙

线段应相交

图 1-7 图线相交、相接的错误画法

五、尺寸标注

1. **基本规则**

（1）机件的真实大小应以图样上所注的尺寸数值为依据，与图形的大小及绘图的准确度无关。

（2）图样中（包括技术要求和其他说明）的尺寸，以毫米（mm）为单位时，不需要标注计量单位的代号或名称；如采用其他单位，则必须注明相应的计量单位代号或名称。

（3）图样中所标注的尺寸，为该图样所示机件的最后完工尺寸，否则应另加说明。

（4）机件的每一尺寸，一般只标注一次，并应标注在反映该结构最清晰的图形上。

2. **尺寸组成**

一个完整的尺寸应由尺寸界线、尺寸线和尺寸数字三个要素组成，如图 1–8a 所示。

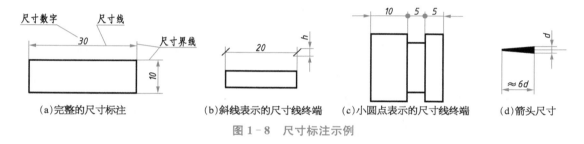

（a）完整的尺寸标注　　（b）斜线表示的尺寸线终端　　（c）小圆点表示的尺寸线终端　　（d）箭头尺寸

图 1–8　尺寸标注示例

1）尺寸界线

（1）尺寸界线表示尺寸的起点或终点，用细实线绘制。可由图形的轮廓线、轴线或对称中心线处引出尺寸界线，也可直接利用它们作尺寸界线。

（2）尺寸界线一般应与尺寸线垂直，并超出尺寸线 2～3 mm。

2）尺寸线

（1）尺寸线用细实线单独画出，不能用其他图线代替，也不得与其他图线重合或画在其他图线的延长线上。

（2）尺寸线与所标注的线段平行。尺寸线与轮廓线的间距、相同方向上尺寸线之间的间距应在 7～10 mm。

（3）尺寸线间或尺寸线与尺寸界线之间应尽量避免相交。

（4）尺寸线终端通常用箭头表示，当没有足够的地方画箭头时，可用小圆点或斜线代替，如图 1–8b、c 所示。箭头、斜线的尺寸如图 1–8b、d 所示。

3）尺寸数字

线性尺寸的数字一般应注写在尺寸线的上方，也允许注写在尺寸线的中断处，位置不够可引出标注。同一图样中尺寸数字应大小一致；尺寸数字不可被任何图线所通过，否则必须把图线断开。

常见的尺寸标注方法见表 1–4。

表 1-4 常见的尺寸标注方法

内容	图 例	说 明
线性尺寸	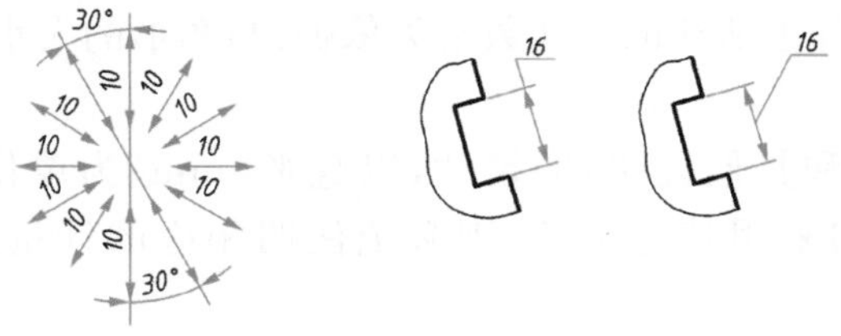 (a) (b)	尺寸线必须与所标注的线段平行,尺寸数字应按图(a)中所示的方向注写,并尽量避免在图示 30°范围内标注尺寸。当无法避免时,应按图(b)形式标注
角度	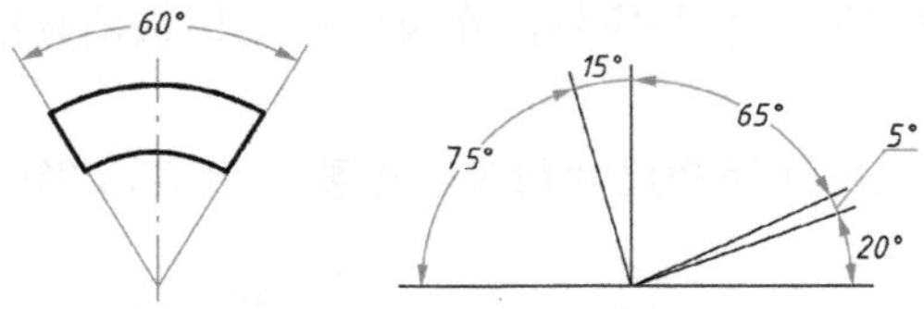 (a) (b)	尺寸界线应沿径向引出。尺寸线画成圆弧,圆心是角的顶点。尺寸数字一律水平书写,一般注写在尺寸线的中断处,必要时也可按图(b)的形式标注
圆和圆弧	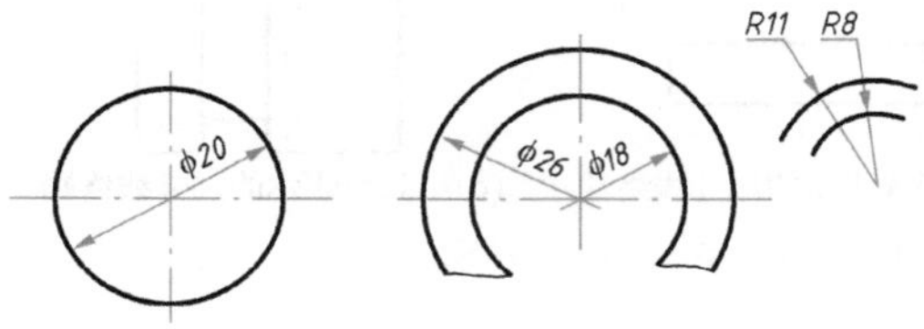	标注大于 180°的圆弧时,注直径尺寸。尺寸线通过圆心,以圆周为尺寸界线,尺寸数字前加注直径符号"φ"。 标注≤180°的圆弧时,注半径尺寸。尺寸线自圆心引向圆弧,只画一个箭头,尺寸数字前加注半径符号"R"
大圆弧	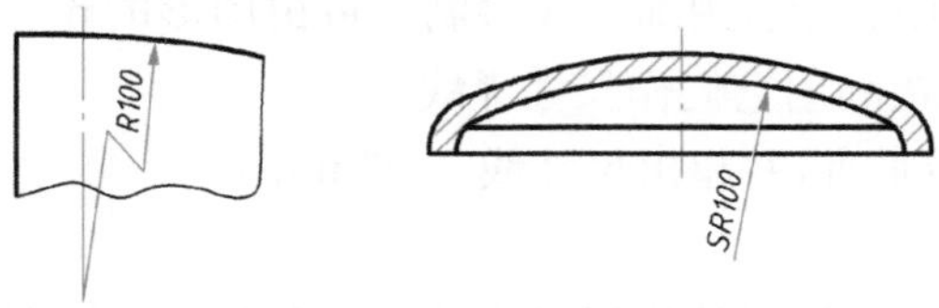	当圆弧的半径过大或在图纸范围内无法标注其圆心位置时,可采用折线形式;若圆心位置无须注明,则尺寸线可只画靠近箭头的一段
小尺寸和小圆弧	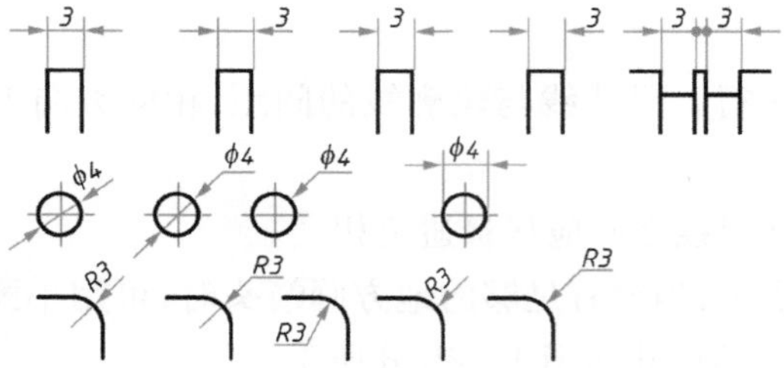	对于小尺寸,若没有足够的位置画箭头或注写数字时,箭头可画在外面,或用小圆点代替两个箭头;尺寸数字也可采用旁注或引出标注
球面	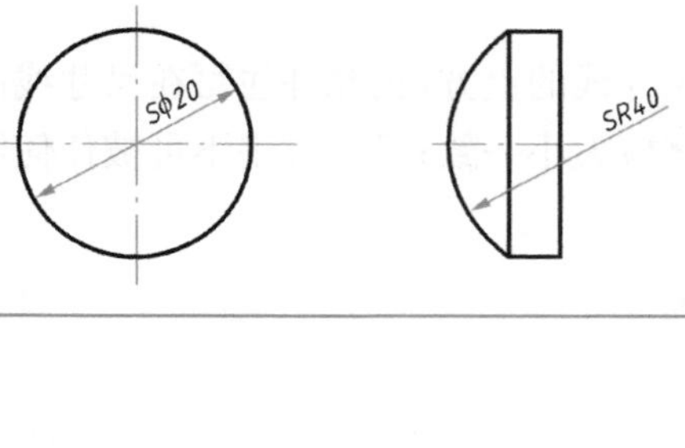	标注球面的直径或半径时,应在尺寸数字前分别加注符号"Sφ"或"SR"

（续表）

内容	图　例	说　明
弦长和弧长		标注弦长和弧长时,尺寸界线应平行于弦的垂直平分线。弧长的尺寸线为同心弧,并应在尺寸数字上方加注符号"⌒"
对称机件、板状零件简化画法		标注对称机件的尺寸时,尺寸线应略超过对称中心线或断裂处的边界线,仅在尺寸线的一端画出箭头。 标注板状零件的尺寸时,在厚度的尺寸数字前加注符号"t"
方头结构		表示剖面为正方形结构的尺寸时,可在正方形边长尺寸数字前加注符号"□",如□12,或用12×12代替□12
斜度与锥度		斜度和锥度的符号应与斜度、锥度的方向一致;$h = 1.4$倍字高,符号线宽$= h/10$

任务二　常用绘图工具的选用

学习目标

会正确选用和使用绘图工具。

虽然计算机绘图已经普及,但尺规绘图仍然是必备的基本技能,是学习和巩固绘图知识的必要措施。尺规绘图是指用铅笔、丁字尺、三角板和圆规等绘图工具来绘制图样。为提高绘图速度和质量,必须学会正确、熟练地使用绘图工具绘图的方法。

一、图板、丁字尺和三角板

1. 图板

图板是用来在画图时固定图纸的矩形木质垫板,要求表面平坦光洁,又因它的左边用作导边,所以必须平直。

2. 丁字尺

丁字尺是用来画水平线的长尺。画图时,尺头内边缘紧靠着图板左侧的导边,画图时必须左手提住尺头上、下移动,沿尺身自左向右画水平线。如画较长的水平线,左手应按住尺身。丁字尺和三角板配合可画垂直线,画垂直线时应自下而上,如图1-9所示。

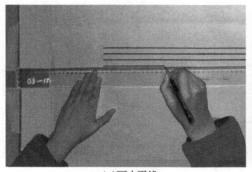

(a)画水平线　　　　　　　　　　　(b)画垂直线

图1-9　丁字尺和图板、三角板配合画水平线、垂直线

3. 三角板

一副三角板包括45°角和30°、60°角各一块,一般选用规格为15 cm或小于20 cm的三角板。在画图时,两块三角板相对移动配合使用,可以画出任意直线的平行线和垂直线,如图1-10a、b所示;三角板与丁字尺相对移动配合,可以画特殊角度的倾斜线,如图1-10c所示。

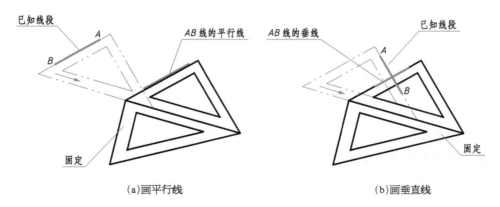

(a)画平行线　　　　　　　　　　　　(b)画垂直线

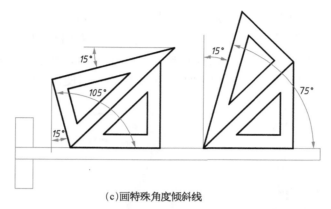

(c)画特殊角度倾斜线

图 1-10 三角板的使用

二、圆规、分规和铅笔

1. 圆规

圆规是用来画圆或圆弧的工具(图 1-11a)。圆规活动腿具有肘形关节,并可换装插脚,装上分规插脚可当分规用,如图 1-11b 所示。圆规固定腿上的钢针有两种不同形状的尖端即圆锥形尖端和带台阶的尖端:圆锥形尖端作分规用;带台阶的尖端是画圆或圆弧

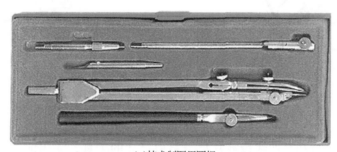

(a)技术制图用圆规

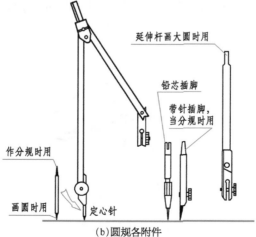

(b)圆规各附件

图 1-11 圆规及其附件

时定心用的,以避免针尖插入图板过深,针尖应调得比铅芯长 0.5～1 mm。

画圆或圆弧时,将针尖全部扎入图板内,按顺时针方向转动圆规,并稍向前倾斜,此时,要保证针尖和笔尖均垂直于纸面,如图 1-12a、b 所示。画小圆时,应使圆规的两脚稍向里倾斜,如图 1-12c 所示。画大圆时,可装上延伸杆后使用,如图 1-12d 所示。

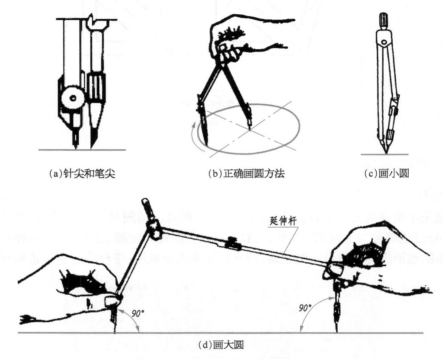

(a)针尖和笔尖　　　(b)正确画圆方法　　　(c)画小圆

(d)画大圆

图 1-12　圆规的用法

2. 分规

分规是用来等分和量取线段或从尺上量取尺寸的工具。使用前,应检查分规的两脚针尖合拢后是否平齐,如图 1-13 所示。用分规量取尺寸、等分线段的方法如图 1-14 所示。

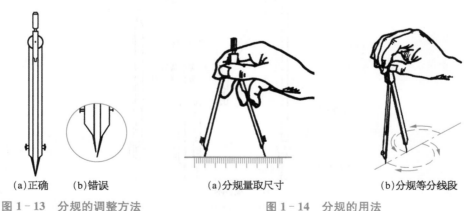

(a)正确　　(b)错误　　　　　(a)分规量取尺寸　　　(b)分规等分线段

图 1-13　分规的调整方法　　　图 1-14　分规的用法

3. 铅笔

铅笔是用来画图样底稿线、加深底稿线和写字的工具。根据不同的使用要求，应准备以下几种硬度不同的铅笔：

(1) H 或 HB，画底稿用；

(2) HB，写文字或徒手画草图用；

(3) HB 或 B，加深图线用；

(4) B 或 2B，铅芯来画圆或圆弧。

铅笔和铅芯应按正确的方法来修磨。画细实线和写字时铅笔芯应修磨成锥形，如图 1 - 15a 所示；而画粗实线时，可修磨成楔形，如图 1 - 15b 所示。

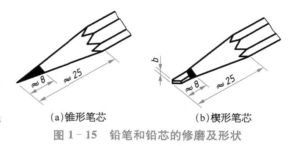

(a)锥形笔芯　　　　(b)楔形笔芯

图 1 - 15　铅笔和铅芯的修磨及形状

三、其他绘图工具

绘图时，除了上述工具外，还需要准备曲线板、绘图橡皮、固定图纸用的透明胶带和修改图线用的擦图片等，如图 1 - 16 所示。

(a)曲线板　　　　　　　　　　　(b)擦图片

图 1 - 16　其他绘图工具

任务三　　　　平面图形的绘制

学习目标

1. 会等分直线与圆周，并会画常见多边形。
2. 会画有锥度、斜度的图形，会作圆弧连接的线段。
3. 会对简单平面图形进行尺寸与线段分析。
4. 会选用常用作图工具，绘制简单平面图形并标注尺寸。

机械零件的轮廓形状不外乎是由直线、曲线所组成的平面几何图形。熟练掌握常见几何图形的正确作图方法,是提高手工绘图速度、保证绘图质量的重要技能之一。

一、直线、圆的等分

1. 直线等分

【例 1-1】 将直线 AB(图 1-17a)七等分。

作图步骤:

(1) 过点 A,作任意直线 AM,以适当长度为单位,在 AM 上量取七个等分点,得1、2、3、4、5、6、7 点,如图 1-17b 所示。

(2) 连接 $B7$,过1、2、3、4、5、6 各点,作 $B7$ 的平行线与 AB 相交,即可将 AB 直线七等分,如图 1-17c 所示。

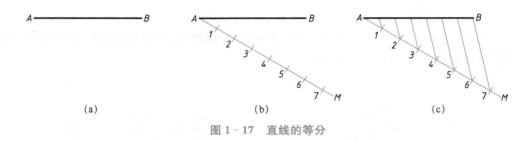

图 1-17 直线的等分

2. 圆周等分及作正多边形

【例 1-2】 作已知圆的内接正三(六)边形。

作图步骤:

(1) 以圆的直径端点 F 为圆心,已知圆的半径 R 为半径画弧,与圆相交于点 B、C,如图 1-18a 所示。

(2) 依次连接点 A、B、C,即得到圆的内接正三边形,如图 1-18b 所示。

(3) 以圆的直径端点 A 为圆心,已知圆的半径 R 为半径画弧,与圆相交于点 D、E,如图 1-18c 所示。

(4) 依次连接点 A、E、B、F、C、D、A,即得到圆的内接正六边形,如图 1-18d 所示。

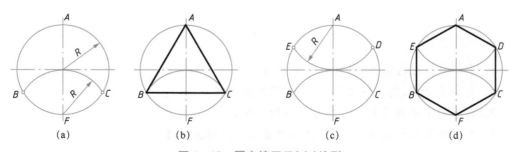

图 1-18 圆内接正三(六)边形

【拓展应用】

如图 1 - 19 所示,作一个内接于已知圆的五角星。

图 1 - 19 内接于圆的五角星

二、斜度与锥度的画法

1. 斜度

斜度是指一直线(或平面)对另一直线(或平面)的倾斜程度,代号"S",其大小以它们夹角的正切来表示(图 1 - 20a),通常会写成 $1 : n$ 的形式,即

$$斜度\ S = \tan\alpha = \frac{H}{L} = 1 : n$$

斜度符号按图 1 - 20b 绘制,标注时加注在 $1 : n$ 的前面,符号方向与图样的斜度方向一致。符号和指引线均用细实线绘制,如图 1 - 21c 所示。

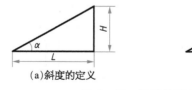

(a)斜度的定义　　　　　　　　(b)斜度的符号

图 1 - 20 斜度的概念和符号

【例 1 - 3】 如图 1 - 21a 所示为一钩头楔键,已知斜度为 1 : 10,完成其平面图(图 1 - 21b)。

作图步骤:

(1) 如图 1 - 21c,在水平线上取 $AB = 10$ 个单位长,过 B 作 $BC \perp AB$,并取 $BC = 1$ 个

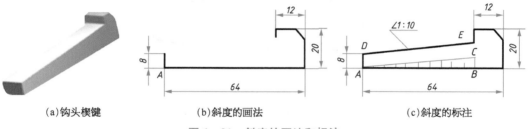

(a)钩头楔键　　　　　(b)斜度的画法　　　　　(c)斜度的标注

图 1 - 21 斜度的画法和标注

单位长,连接 AC,即为 1∶10 的斜度线。

(2)过 D 作 AC 的平行线 DE,按要求标出斜度符号,即完成作图(图 1-21c)。

2. 锥度

锥度是指正圆锥体的底圆直径与正圆锥体的高度之比,代号"C"。如果是锥台,则为两底直径之差与其锥台高之比,如图 1-22a 所示。

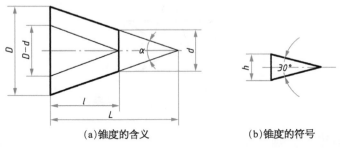

(a)锥度的含义　　　　(b)锥度的符号

图 1-22　锥度的含义和符号

锥度通常会写成 1∶n 的形式,即

$$锥度\ C=2\tan\frac{\alpha}{2}=\frac{D}{L}=\frac{D-d}{l}=1∶n$$

锥度符号按图 1-22b 绘制,标注时加注在 1∶n 的前面,锥度符号应靠近圆锥轮廓标注,基准线应与圆锥的轴线平行,符号的方向应与图样的锥度方向一致,符号和指引线均用细实线绘制,如图 1-23c 所示。

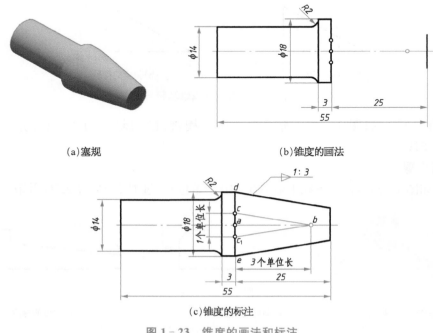

(a)塞规　　　　　　　(b)锥度的画法

(c)锥度的标注

图 1-23　锥度的画法和标注

【例 $1-4$】　如图 $1-23a$ 所示为一塞规,已知其锥度为 $1:3$,完成其平面图(图 $1-23b$)。

作图步骤:

(1) 如图 $1-23c$ 所示,自 a 点沿轴线向右取 $ab=3$ 个单位长,过 a 点沿垂线向上、向下各取 $1/2$ 个单位长($cc_1=1$)。

(2) 连接 cb 和 c_1b,过两端点 d、e 分别作 cb 和 c_1b 的平行线至长度为 25 处,按要求标出锥度符号,即完成作图(图 $1-23c$)。

三、圆弧的连接

绘制机器轮廓时,经常碰到线段(直线或圆弧)光滑连接的情况,如图 $1-24a$ 所示扳手轮廓就是多段曲线光滑连接。

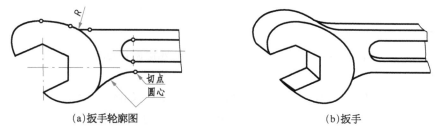

(a)扳手轮廓图　　　　　　　　　　　　　(b)扳手

图 $1-24$　圆弧连接示例

1. 圆弧连接的作图原理

圆弧连接的本质是直线与圆弧相切或圆弧与圆弧相切,因此圆弧连接的作图,可归结为求切点和连接圆弧的圆心。圆弧连接的作图原理见表 $1-5$。

表 $1-5$　圆弧连接的作图原理

圆弧与直线连接(相切)	圆弧与圆弧连接(外切)	圆弧与圆弧连接(内切)
① 连接弧圆心的轨迹为一平行于已知直线的直线。两直线间的垂直距离为连接半径 R ② 由圆心向已知直线作垂线,其垂足即为切点	① 连接弧圆心的轨迹为一与已知圆弧同心的圆,该圆的半径为两圆弧半径之和(R_1+R) ② 两圆心的连线与已知圆弧的交点即为切点	① 连接弧圆心的轨迹为一与已知圆弧同心的圆,该圆的半径为两圆弧半径之差(R_1-R) ② 两圆心连线的延长线与已知圆弧的交点即为切点

2. 两直线间的圆弧连接

【例 $1-5$】　用半径为 R 的圆弧分别如图 $1-25a$、b、c 所示连接两条已知直线。

作图步骤:

（1）在与已知线段 AC、BC 距离为 R 处，分别作两条线段的平行线交于 O 点。

（2）过 O 点作 $OM \perp AC$、$ON \perp BC$，垂足为点 M、N。

（3）以 O 点为圆心，R 为半径，连接点 M、N，则弧 MN 即为所求。

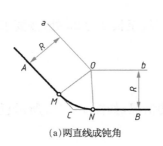
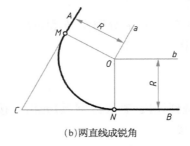
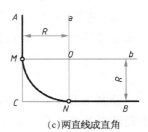

（a）两直线成钝角 　　　（b）两直线成锐角 　　　（c）两直线成直角

图 1-25 用圆弧连接两条已知直线

3. 两圆弧间的圆弧连接

【例 1-6】 用半径为 R 的圆弧如图 1-26 所示外接两已知圆弧。

作图步骤：

（1）给定两个已知圆 O_1、O_2 及连接圆弧的半径 $R_外$，如图 1-26a 所示。

（2）分别以 O_1 和 O_2 为圆心、$R_1 + R_外$ 和 $R_2 + R_外$ 为半径作弧，两弧交点 O_3 即为连接圆弧的圆心，如图 1-26b 所示。

（3）分别作连心线 O_3O_1 和 O_3O_2 交圆弧得点 m_1、m_2，再以 O_3 为圆心、$R_外$ 为半径作弧，从 m_1 画至 m_2 即为所求，如图 1-26c 所示。

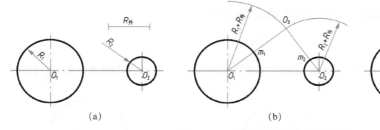

（a） 　　　　　　　（b） 　　　　　　　（c）

图 1-26 连接弧外切两已知圆弧

【例 1-7】 用半径为 R 的圆弧如图 1-27 所示内接两已知圆弧。

作图步骤：

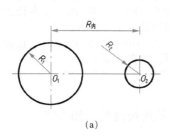
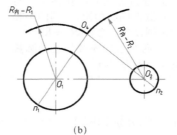
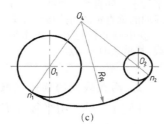

（a） 　　　　　　　（b） 　　　　　　　（c）

图 1-27 连接弧内切两已知圆弧

（1）给定两个已知圆 O_1、O_2 及连接圆弧的半径 $R_内$，如图1-27a所示。

（2）分别以 O_1 和 O_2 为圆心、$R_内 - R_1$ 和 $R_内 - R_2$ 为半径作弧，两弧交点 O_4 即为连接圆弧的圆心，如图1-27b所示。

（3）分别作连心线 O_4O_1 和 O_4O_2，得切点 n_1、n_2，再以 O_4 为圆心、$R_内$ 为半径作弧，从 n_1 画至 n_2 即为所求，如图1-27c所示。

四、平面图形的绘制

平面图形是由各种线段连接而成的，这些线段之间的相对位置和连接关系依据给定的尺寸来确定。因此，画平面图形首先要对图形进行尺寸分析、线段分析，才能正确安排作图顺序，完成作图。

1. 平面图形的尺寸分析

按平面图形中尺寸的作用，可将其分为定形尺寸和定位尺寸两类。

1）定形尺寸

用于确定组成平面图形各线段的形状和大小的尺寸称为定形尺寸，如图1-28中的尺寸 $\phi5$、$\phi20$、$R10$、$R15$、$R12$、$R50$、15。

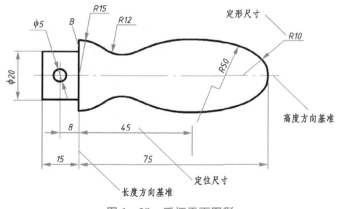

图1-28 手柄平面图形

2）定位尺寸

用于确定线段在整个图形内位置的尺寸称为定位尺寸。确定尺寸位置的几何元素称为尺寸基准，简称基准。通常将图形中对称中心线、圆心、较大的轮廓直线等作为尺寸基准。一般一个平面图形至少有两个尺寸基准，沿长、宽方向上各有一个主要尺寸基准，可能有几个辅助尺寸基准。图1-28中高度方向的尺寸基准为手柄中心轴线，长度方向的尺寸基准为图示 B 处。图中的尺寸8为 $\phi5$ 圆在长度方向的定位尺寸；尺寸15是左端长方形的定形尺寸，同时也是左端垂线的定位尺寸。

2. 平面图形的线段分析

平面图形中的线段（直线或圆弧）通常可按其尺寸是否齐全分为三类：

1）已知线段

有齐全的定形尺寸和定位尺寸，能根据已知尺寸直接画出的线段称为已知线段。如

图1-28中的$\phi5$圆,定形尺寸为$\phi5$,长度方向定位尺寸为8,高度方向圆心在对称线上,因此$\phi5$圆为已知线段。以此类推,已知线段还有圆弧$R10$、$R15$、$\phi20$、直线段15。

2) 中间线段

只有定形尺寸和一个定位尺寸,另一个定位尺寸必须根据与相邻已知线段的几何关系求出才能画出的线段称为中间线段。如图1-28中$R50$圆弧,其定形尺寸为$R50$,长度方向的定位尺寸为45,高度方向的定位尺寸未直接标注,需要根据与相邻$R10$圆弧的连接关系作图确定。

3) 连接线段

有定形尺寸,但定位尺寸一个都没有,其位置完全依靠与相邻两端线段的几何关系求出的线段称为连接线段。如图1-28中的$R12$圆弧,定位尺寸全无。

画图时,应按已知条件的多少确定画图顺序:先画已知线段,再画中间线段,最后画连接线段。

3. 平面图形的尺寸标注

平面图形尺寸标注通常采用图形分解法,步骤如下:

(1) 首先,将平面图形分解为一个基本图形和几个子图形,标注其定形尺寸。如图1-29所示平面图形,基本图形为长方形,定形尺寸为70×40;两个圆和缺口可视为隶属于长方形的子图形,两个圆定形尺寸为$\phi12$,缺口的尺寸为30×12。

(2) 其次,确定平面图形的尺寸基准,然后确定基本图形的位置,标注其定位尺寸;如图1-29所示图形长度方向的尺寸基准是对称线,$\phi12$小圆的定位尺寸为50和25。

(3) 最后,依次确定各子图形相对于基本图形的位置,标注其定位、定形尺寸。图1-29a中尺寸30、50都关于基准左右对称,因此图1-29b所示尺寸20、10标注是多余的。

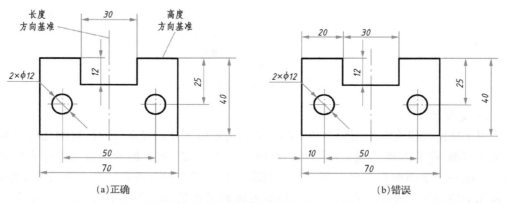

图1-29　平面图形尺寸标注及正误对比

4. 平面图形的绘制

根据上述分析,画平面图形时,必须首先进行尺寸分析和线段分析,按先画已知线段、再画中间线段和连接线段的顺序依次进行。

【例1-8】 作如图1-28所示手柄的平面图形并标注尺寸。

作图步骤:

（1）分析图形的尺寸及其线段。如前分析，定形尺寸有 $\phi5$、$\phi20$、$R10$、$R15$、$R12$、$R50$、15；定位尺寸有 8、45、75；已知线段有 $\phi5$ 圆、$\phi20$ 段、$R10$ 圆弧、$R15$ 圆弧；中间线段有 $R50$ 圆弧；连接线段是 $R12$ 圆弧。

（2）画出图形的基准线和定位线，如图 1-30a 所示。

（3）用细实线按先画已知线段、再画中间线段、最后画连接线段的顺序完成各部分轮廓，如图 1-30b、c、d 所示。

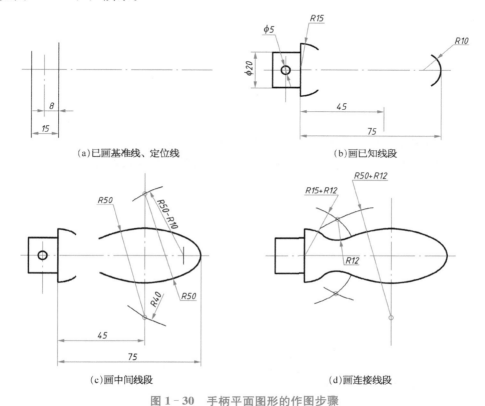

图 1-30 手柄平面图形的作图步骤

（4）校对修改底稿图，按顺序加深，即：先粗线后细线，先实线后虚线，先圆弧（圆）后直线，先水平线后垂线、斜线，先上方后下方，先左边后右边。

（5）确定尺寸基准，画尺寸界线、尺寸线，标注定形尺寸、定位尺寸，如图 1-31 所示。

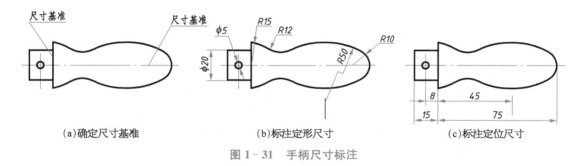

图 1-31 手柄尺寸标注

21

单元二　基本几何元素的投影

无论机械零件的结构形状多么复杂，都是由点、线、面这些基本元素构成的。要正确又迅速地画出物体的视图或者识读物体的视图，必须首先掌握这些几何元素的投影规律和作图方法。

任务一　投影法和三视图的认知

 学习目标

1. 建立投影法的概念，说明正投影的基本原理及投影特性。
2. 概述三视图的形成及投影规律。
3. 能对照模型、立体图识读简单物体三视图。

机械图样主要应用正投影的原理和方法绘制，因此，正投影的原理是机械制图的理论基础。

一、投影法

1. 投影法的概念

生活中常见物体受到光线的照射会在地上或墙壁上产生影子，如图 2-1a 所示。根据这种现象，用光线照射物体，在预设的平面上绘制出被投射物体图形的方法，称为投影法，如图 2-1b 所示。其中，光线称为投射线，预设的平面称为投影面，投影面上所得物体的图形称为此物体的投影。

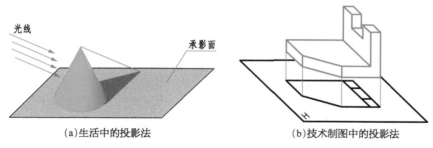

（a）生活中的投影法　　　　　　　（b）技术制图中的投影法

图 2-1　投影法概念

 【知识拓展】

　　投影法分为中心投影法和平行投影法，分别如图 2-2、图 2-3 所示。投影线汇集于一点的投影法称为中心投影法。将投射中心 S 移到无限远处，则所有的投射线将相互平行，这种投影法称为平行投影法。平行投影法又可分为正投影法和斜投影法。

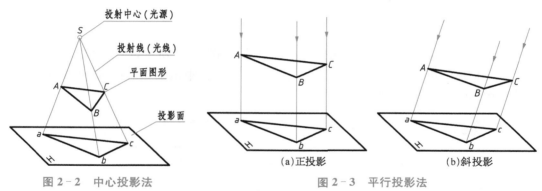

图 2-2　中心投影法　　　　　　　　　　　　图 2-3　平行投影法

（a）正投影　　　　　（b）斜投影

　　投射线垂直于投影面时称为正投影，又叫直角投影。投影线与投影面成某一夹角时称为斜投影，又叫斜角投影。

　　机械制图采用平行投影法。其中正投影法能真实表达物体的形状和大小，度量性好，作图方便，所以工程图样一般采用正投影法绘制。

　　2.正投影的特性

　　正投影具有表 2-1 所列的投影特性。

表 2-1　正投影投影特性

投影特性	说　　明	图　　例
真实性	当线段或平面图形平行于投影面时，投影反映实长或实形	

（续表）

投影特性	说　　明	图　　例
积聚性	当线段或平面图形垂直于投影面(即平行于投射线)时,线段的投影积聚为一点,平面的投影积聚成一直线	
类似性	当线段或平面图形与投影面倾斜时,线段的投影为缩短的直线;平面图形的投影为缩小的原图形的类似形	

二、三视图

只用一个方向的投影来表达物体是不确定的,如图 2-4 所示,用正投影方法画出的三个不同物体的单面投影图是相同的。显然,要完整、清晰地表达出物体的形状和结构,必须将物体向多个方向投影。

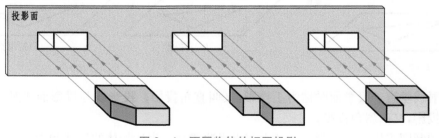

图 2-4　不同物体的相同投影

1. 三面投影体系

设立三个互相垂直的投影平面,这三个平面将空间分为八个分角,如图 2-5a 所示。目前国际上使用着两种投影面体系,即第一分角和第三分角。我国采用的是如图 2-5b 所示的第一分角画法。

第一分角画法,三个投影面两两垂直相交,得三个投影轴分别为 OX、OY 和 OZ,其交点 O 为原点,如图 2-5b 所示。正立投影面简称正面,用 V 表示;水平投影面简称水平面,用 H 表示;侧立投影面简称侧面,用 W 表示。

2. 三视图的形成

工程上,假设把物体放在观测者与投影面(体系)之间,根据有关标准和规定按正投影法画出物体的图形称为视图。在三面投影体系中,物体在正立投影面(V 面)上的正投影

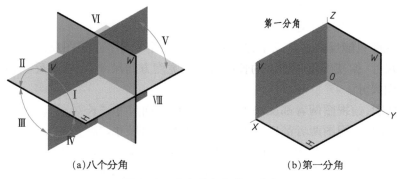

(a)八个分角　　　　　　　　　(b)第一分角

图 2－5　八个分角和第一分角

图称为主视图,物体在水平投影面(H 面)上的正投影图称为俯视图,物体在侧立投影面(W 面)上的正投影图称为左视图,如图 2－6a 所示。

画投影图时需要将三个投影面展开到同一个平面上,如图 2－6b、c 所示。

由投影面的展开规则可知,俯视图在主视图正下方,左视图在主视图正右方。按此规定配置时,不必标注视图名称,画图时可去掉投影面边框,如图 2－6d 所示。

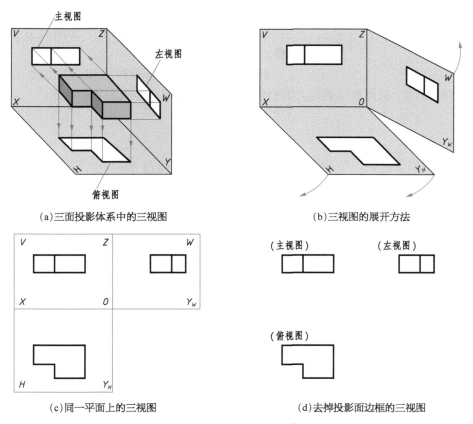

(a)三面投影体系中的三视图　　　　　　　　(b)三视图的展开方法

(c)同一平面上的三视图　　　　　　　　(d)去掉投影面边框的三视图

图 2－6　三视图的形成

3. 三视图的对应关系及投影规律

1）三视图之间的度量对应关系

每一个视图只能反映物体三个方向尺寸中的两个尺寸：主视图反映物体的长度方向和高度方向尺寸，俯视图反映物体的长度方向和宽度方向尺寸，左视图反映物体的宽度方向和高度方向尺寸。

（1）主视图、俯视图两者都反映了物体的长度方向尺寸，"长对正"。

（2）主视图、左视图两者都反映了物体的高度方向尺寸，"高平齐"。

（3）俯视图、左视图两者都反映了物体的宽度方向尺寸，"宽相等"。

"长对正、高平齐、宽相等"简称三视图间的"三等"关系，如图2-7所示。值得注意的是，不论是视图的总体还是局部都应满足上述三等关系。

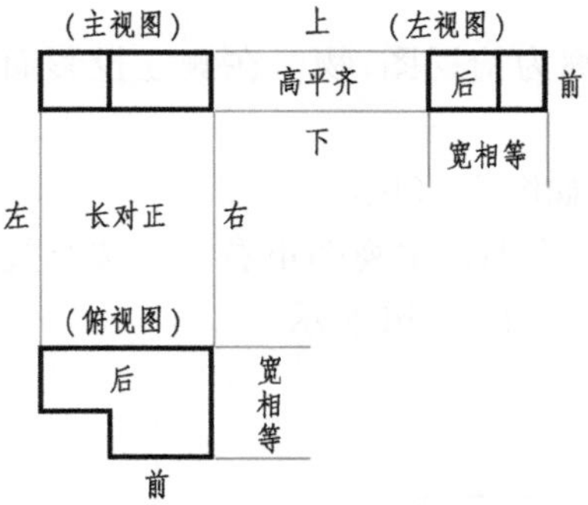

图 2-7　三视图的投影规律

2）三视图与物体方位的对应关系

物体有上、下、左、右、前、后六个方位，左右为长、上下为高、前后为宽。每个视图只能反映物体的空间四个方位，各视图反映的方位如图2-7所示，并说明如下：

（1）主视图能反映物体的上下和左右方位，前后重叠。

（2）俯视图能反映物体的左右和前后方位，上下重叠。

（3）左视图能反映物体的上下和前后方位，左右重叠。

由上面三视图的投影规律可知：物体的三维尺寸和六个方位有两个视图就能确定，而物体的形状一般需要三个视图才能确定。

任务二　基本几何元素投影的认知与绘制

学习目标

1. 会画点、线、面的三面投影，并能根据投影判断其空间位置。
2. 概括各种位置直线、平面的投影特性。

任何物体都是由点、线、面几何元素构成的，如图2-8所示的顶针。因此，掌握点、直线、平面的投影特性和作图方法，是正确又迅速地画出物体视图或者识读物体视图的基础。

图 2-8　顶针

一、点的投影

1. 点的三面投影

空间的点用大写字母表示。过空间点 A 分别向 H、V、W 三个投影面作垂线,垂足即为点的三个投影,记作 a、a'、a''。将三投影面展开,即得到点的三面投影图,如图 2-9b 所示。点的投影还是点。

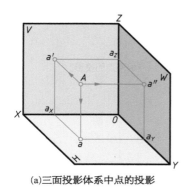

(a)三面投影体系中点的投影　　(b)展开后点的三面投影

图 2-9 点的投影

2. 点的投影规律

点的投影规律如图 2-9b 所示:

(1) 点的正面投影和水平投影的连线垂直于 X 轴,即 $a'a \perp OX$;

(2) 点的正面投影和侧面投影的连线垂直于 Z 轴,即 $a'a'' \perp OZ$;

(3) 点的水平投影到 X 轴的距离等于点的侧面投影到 Z 轴的距离,即 $aa_X = a''a_Z$。

3. 点的投影与直角坐标的关系

空间点的位置,由点的直角坐标值来确定,一般用 $A(x,y,z)$ 形式书写,如图 2-10 所示。点到投影面 W、V、H 的距离即为坐标数值 x、y、z。点的投影到投影轴的距离,等于空间点到相应投影面的距离。

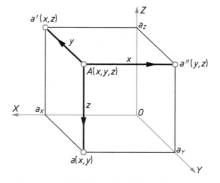

图 2-10 点的投影与直角坐标的关系

4. 两点的相对位置

两点间的相对位置是指空间两点的上下、左右和前后的位置关系,可根据两点的坐标值来判断。两点中,X 坐标大的点在左;Y 坐标大的点在前;Z 坐标大的点在上,如图 2-11 所示。

当空间两点的某两个坐标相同时,将处于某一投影面的同一条投影线上,则在该投影面上的投影相重合,这两点称为该投影面的重影点,如图 2-12 E、F 点所示。

当两点的投影重合时就会有一个点的投影被挡住,作图时要判断出被挡住的点,重影点的可见性可通过两重影点的不相等的坐标来判别,坐标大的点挡住坐标小的点。在投影图上规定不可见点的投影符号加注括号,如 (f')。

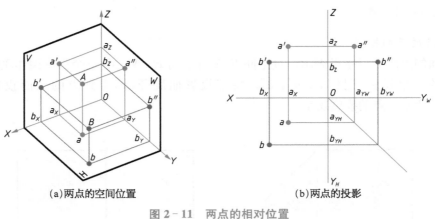

(a)两点的空间位置　　　　　　　　(b)两点的投影

图 2－11　两点的相对位置

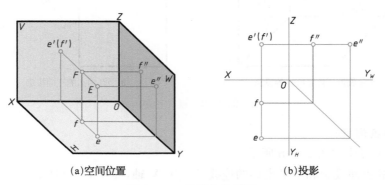

(a)空间位置　　　　　　　　(b)投影

图 2－12　重影点的投影

二、直线的投影

1. 直线的三面投影

任何一条直线都可以由它上面的任意两点确定。因此,求直线的三面投影,只要作出直线上两个点的三面投影,再将两点同一投影面上的投影连接起来,即得到直线的三面投影,如图 2－13 所示。线的投影一般仍是线。

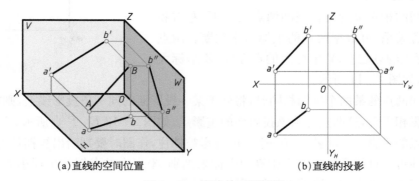

(a)直线的空间位置　　　　　　　　(b)直线的投影

图 2－13　直线的三面投影

2. 各种位置直线的投影

直线相对于投影面的位置有平行、垂直、倾斜三种情况：

（1）投影面平行线。即平行于一个投影面而与另外两个投影面倾斜的直线，分为水平线、正平线、侧平线三种。投影面平行线的投影特性见表 2 - 2。

表 2 - 2　投影面平行线的投影特性

名称	水 平 线	正 平 线	侧 平 线
立体图	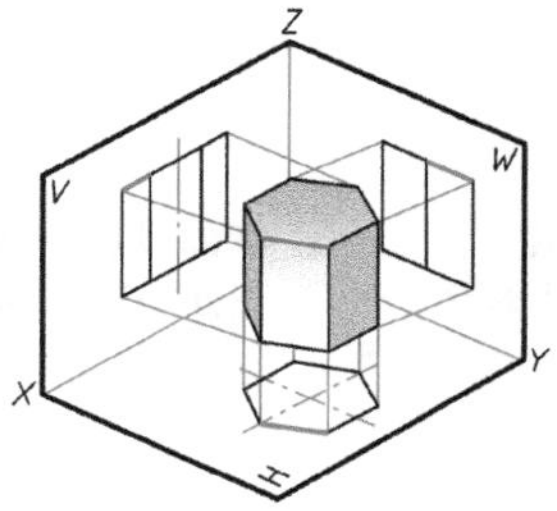	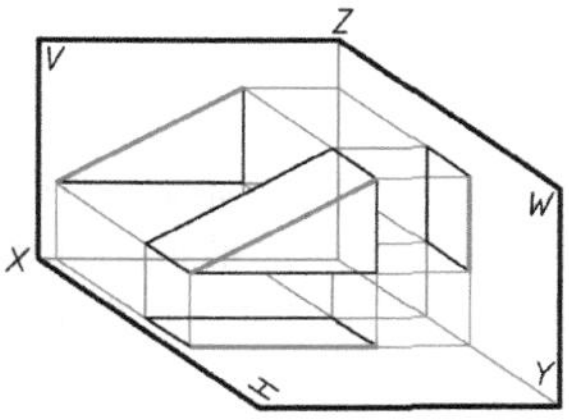	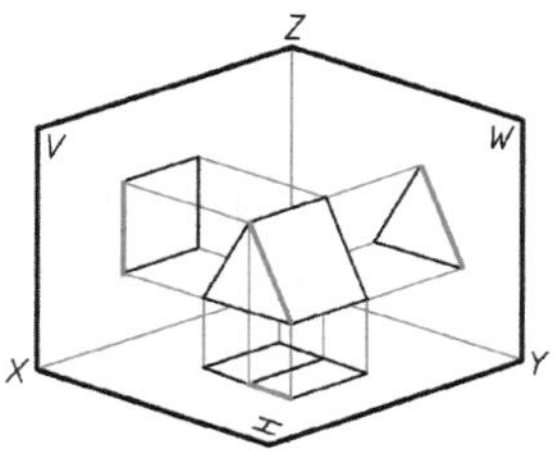
投影图	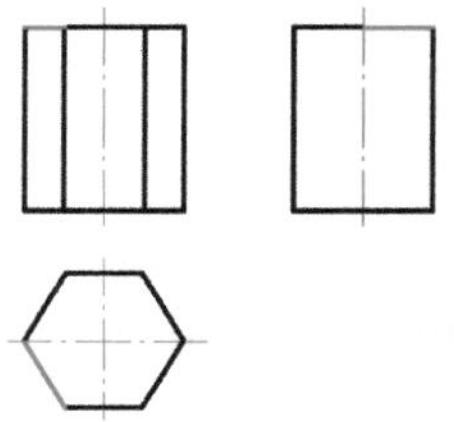	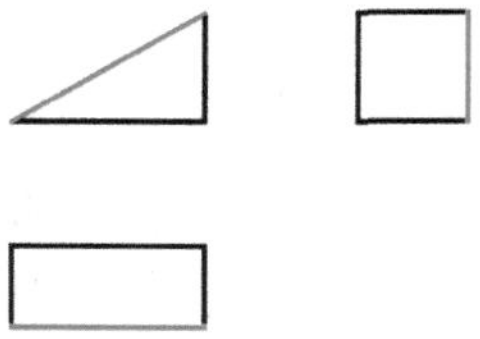	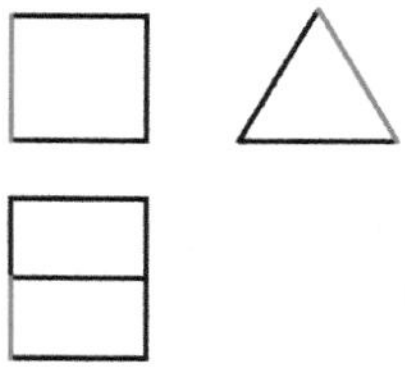
投影特性	① 水平投影反映实长 ② 正面投影平行于 X 轴 ③ 侧面投影平行于 Y 轴	① 正面投影反映实长 ② 水平投影平行于 X 轴 ③ 侧面投影平行于 Z 轴	① 侧面投影反映实长 ② 正面投影平行于 Z 轴 ③ 水平投影平行于 Y 轴

（2）投影面垂直线。即垂直于一个投影面的直线必与另外两个投影面平行，分为铅垂线、正垂线、侧垂线三种。投影面垂直线的投影特性见表 2 - 3。

表 2 - 3　投影面垂直线的投影特性

名称	铅 垂 线	正 垂 线	侧 垂 线
立体图	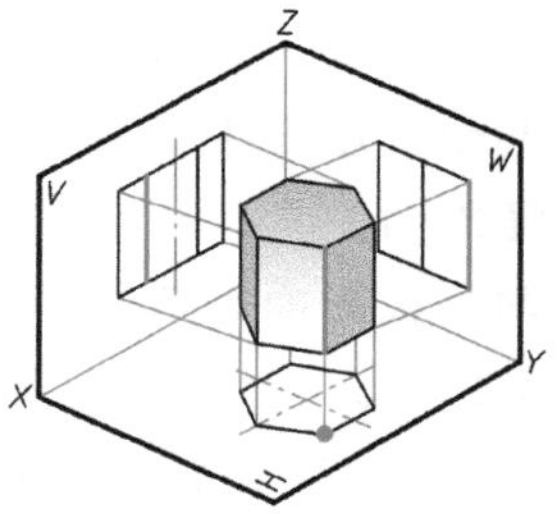	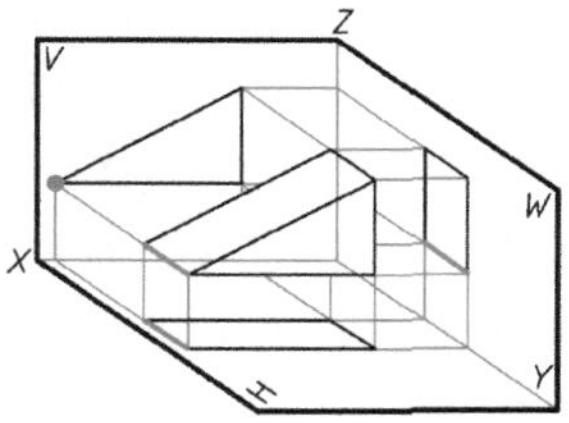	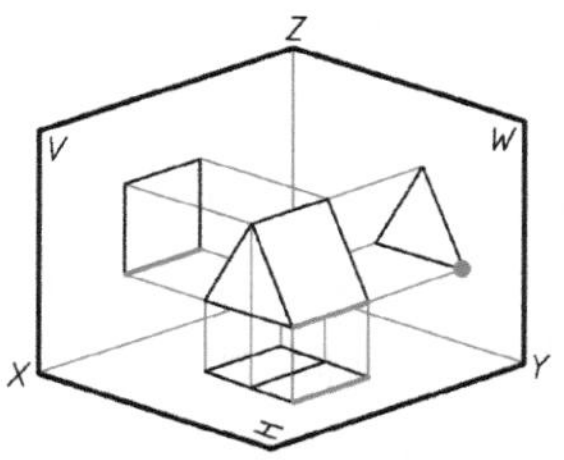

（续表）

名称	铅垂线	正垂线	侧垂线
投影图			
投影特性	① 水平投影积聚为一点 ② 正面投影和侧面投影都平行于 Z 轴，并反映实长	① 正面投影积聚为一点 ② 水平投影和侧面投影都平行于 Y 轴，并反映实长	① 侧面投影积聚为一点 ② 正面投影和水平投影都平行于 X 轴，并反映实长

（3）一般位置直线。即三个投影面均倾斜的直线。一般位置直线在三个投影面上的投影都不会反映实长，如图 2-13 所示。

三、平面的投影

平面的投影一般仍是平面。任何一个平面都可以由它上面的不共线三点确定。因此，平面的三面投影就转化成平面上三个点的三面投影，如图 2-14 所示。

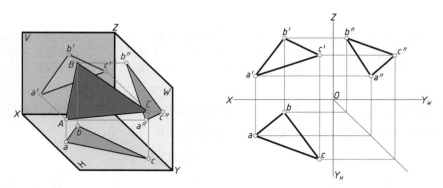

图 2-14　一般位置平面

平面相对于投影面的位置也有平行、垂直、倾斜三种情况：

（1）投影面平行面。即平行于一个投影面且与另外两个投影面垂直的平面，分为水平面、正平面、侧平面三种。投影面平行面的投影特性见表 2-4。

（2）投影面垂直面。即垂直于一个投影面而与另外两个投影面倾斜的平面，分为铅垂面、正垂面、侧垂面三种。投影面垂直面的投影特性见表 2-5。

（3）一般位置平面。即与三个投影面均倾斜的平面。一般位置平面的三个投影都是空间平面图形缩小的类似形，如图 2-14 所示。

表 2-4　投影面平行面的投影特性

名称	水　平　面	正　平　面	侧　平　面
立体图	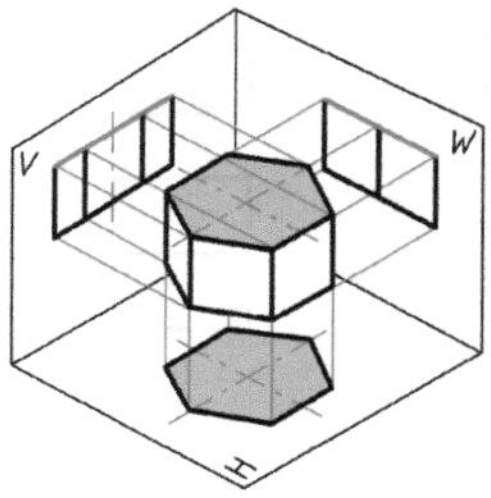	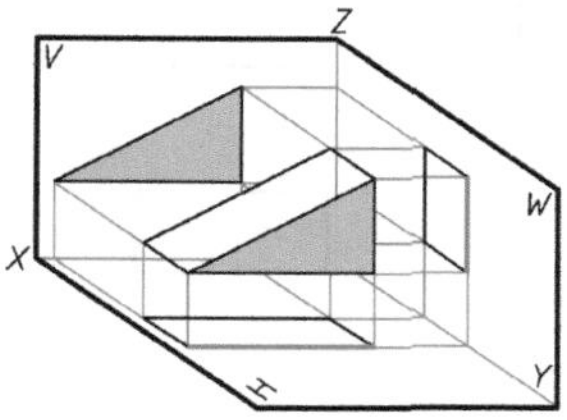	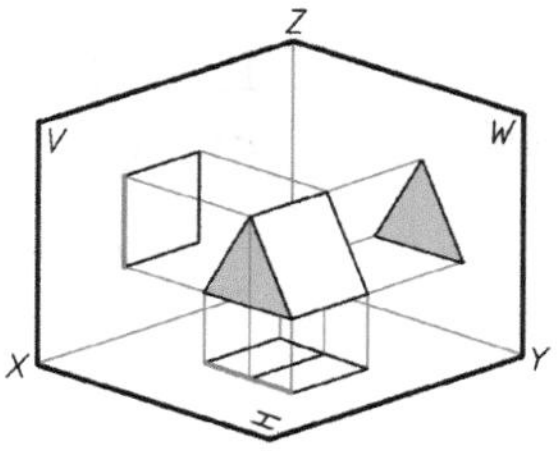
投影图	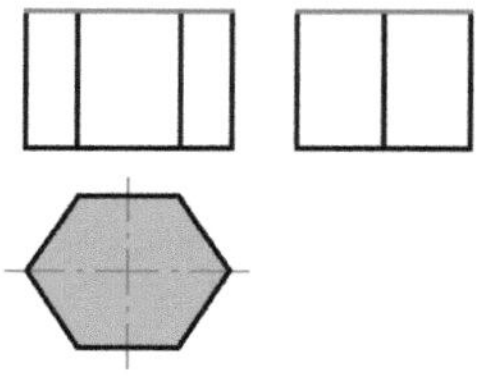	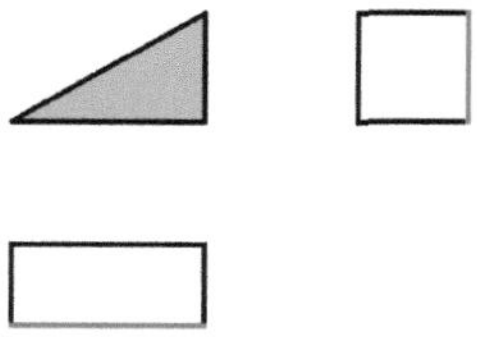	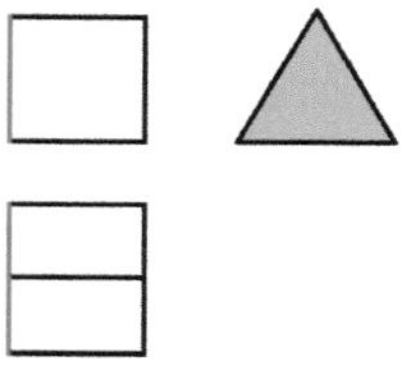
投影特性	① 水平投影反映实形 ② 正面投影积聚成平行于 X 轴的直线 ③ 侧面投影积聚成平行于 Y 轴的直线	① 正面投影反映实形 ② 水平投影积聚成平行于 X 轴的直线 ③ 侧面投影积聚成平行于 Z 轴的直线	① 侧面投影反映实形 ② 正面投影积聚成平行于 Z 轴的直线 ③ 水平投影积聚成平行于 Y 轴的直线

表 2-5　投影面垂直面的投影特性

名称	铅　垂　面	正　垂　面	侧　垂　面
立体图	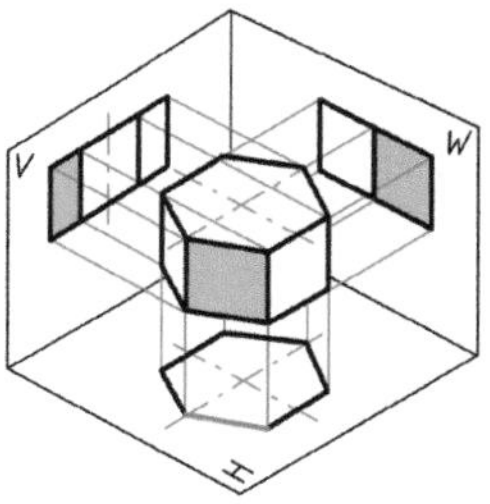	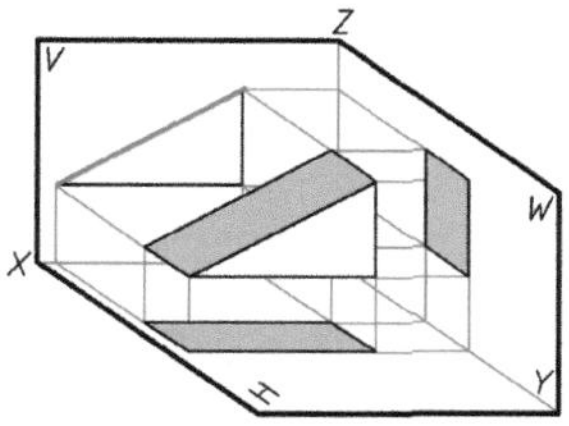	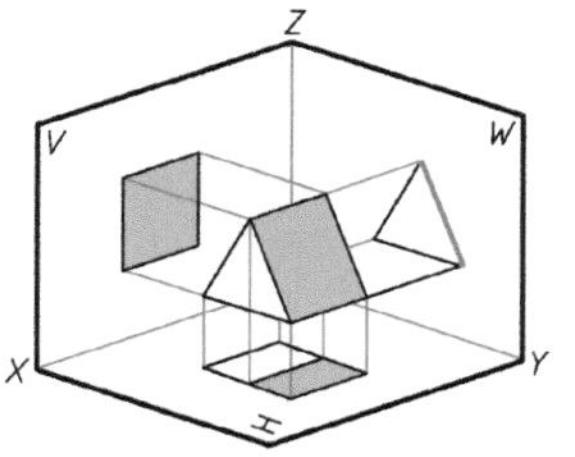

名称	铅 垂 面	正 垂 面	侧 垂 面
投影图	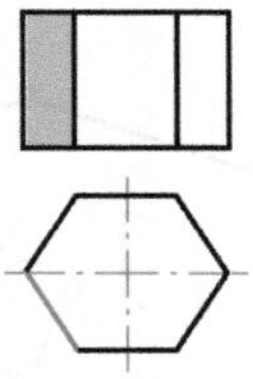	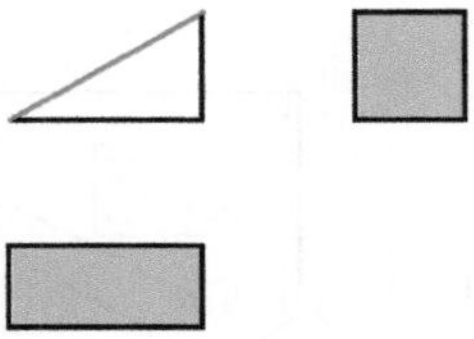	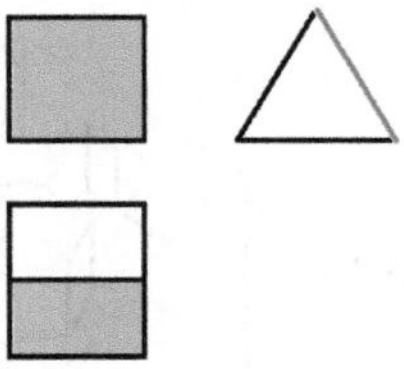
投影特性	① 水平投影积聚成直线，与 X 轴、Y 轴倾斜 ② 正面投影和侧面投影为缩小的类似形	① 正面投影积聚成直线，与 X 轴、Z 轴倾斜 ② 水平投影和侧面投影为缩小的类似形	① 侧面投影积聚成直线，与 Y 轴、Z 轴倾斜 ② 正面投影和水平投影为缩小的类似形

几何体三视图的绘制

机械零件的结构形状无论如何复杂，都可看成是由一些简单的基本几何形体（以下简称"基本体"）组合而成的，如图3-1所示。因此，绘制基本体的视图是绘制机械零件视图的基础。

基本体按其构成的表面性质不同，可分为平面立体和曲面立体两类。表面由平面构成的立体称为平面立体，简称平面体。平面体的每个表面均是平面。表面由曲面或曲面与平面组成的立体称为曲面立体，简称曲面体。常见基本体如图3-2所示。

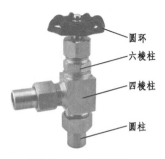

圆环
六棱柱
四棱柱
圆柱

图3-1　水管阀门

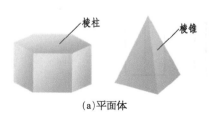

棱柱　　棱锥

(a)平面体

圆柱　　圆锥　　球　　圆环

(b)曲面体

图3-2　基本体

【拓展应用】

工程中由常见基本体组合的机械零件如图3-3所示。

图3-3　由常见基本体组合的机械零件

任务一　基本平面体三视图的绘制

 学习目标

1. 熟练说明基本平面体的投影特性及三视图的画法。
2. 熟练绘制与识读基本平面体的三视图。
3. 掌握基本平面体表面上点、线的投影作图。
4. 具备简单形体的由物画视图和看图想物的能力。

如图3-3所示,机械零件的结构形体有的是基本平面体,有的由基本平面体演变而来。常见的基本平面体有棱柱、棱锥。

一、棱柱

1. 棱柱的三视图
图3-4所示为六棱柱的三视图。

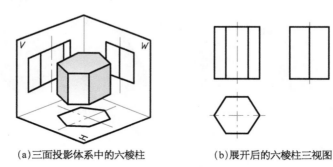

(a)三面投影体系中的六棱柱　　　　(b)展开后的六棱柱三视图

 图3-4　六棱柱的三视图

2. 棱柱三视图的作图步骤
对于棱柱的三视图,一般先从反映形状特征的视图画起,然后按视图间投影关系完成其他两个视图。六棱柱三视图的作图步骤如图3-5所示。

3. 棱柱表面上点的投影
棱柱表面均为特殊位置平面,所以求棱柱表面上点的投影均可利用平面投影的积聚性求得,并判断可见性。

【例3-1】　如图3-6所示,已知棱柱侧表面 $ABCD$ 上点 M 的正面投影 m' 和下底面上 N 点的水平面投影 n,求它们的另两面投影。

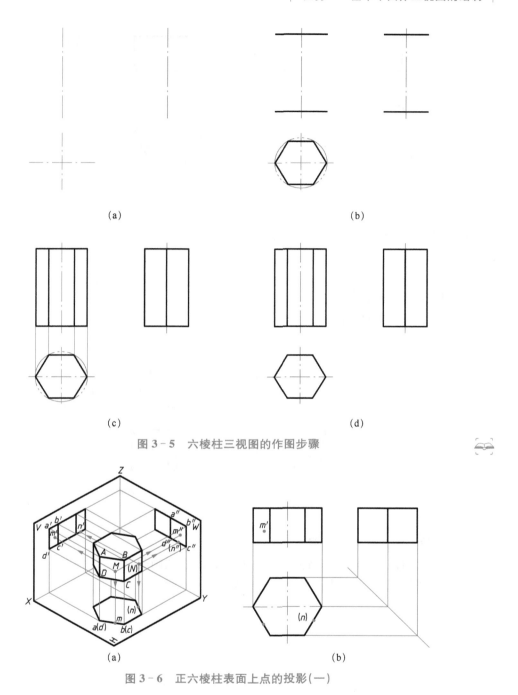

(a)　　　　　　　　　　　　(b)

(c)　　　　　　　　　　　　(d)

图 3 - 5　六棱柱三视图的作图步骤

(a)　　　　　　　　　　　　(b)

图 3 - 6　正六棱柱表面上点的投影(一)

解：（1）已知点 M 在棱柱侧表面 ABCD 上，点 M 在水平面投影必在侧表面 ABCD 的水平投影上，侧表面 ABCD 为铅垂面，利用它的水平投影的积聚性，根据"长对正"求得点 M 的水平面投影 m，再根据"高平齐、宽相等"求得 m″，如图 3 - 7a 所示。

（2）已知点 N 在下底面上，点 N 在正面投影必在下底面的正面投影上，下底面为正垂面，利用它的正面投影的积聚性，根据"长对正"求得正平面投影 n′，再根据"高平齐、宽

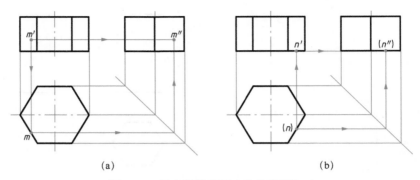

(a)　　　　　　　　　　　　　　　　(b)

图 3-7　正六棱柱表面上点的投影(二)

相等"求得 n''，如图 3-7b 所示。

二、棱锥

1. 棱锥的三视图

图 3-8 所示为四棱锥的三视图。

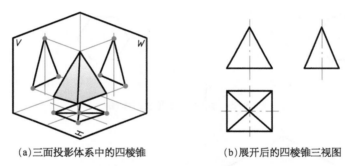

(a)三面投影体系中的四棱锥　　　　(b)展开后的四棱锥三视图

图 3-8　四棱锥的三视图

2. 棱锥三视图的作图步骤

对于棱锥的三视图，一般先从反映形状特征的视图画起，然后按视图间投影关系完成其他两个视图。四棱锥三视图的作图步骤如图 3-9 所示。

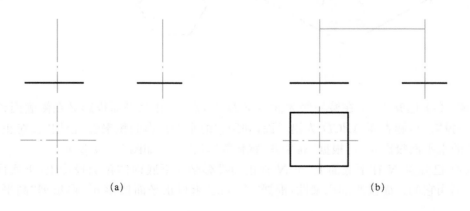

(a)　　　　　　　　　　　　　　　　(b)

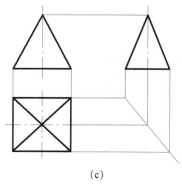

(c)　　　　　　　　　　　　　　　　(d)

图 3 - 9　四棱锥三视图的作图步骤

3. 棱锥表面上点的投影

凡属于特殊位置表面上的点,可利用投影的积聚性直接求得;而属于一般位置表面上的点,可通过在该面上作辅助线的方法求得。

【例 3 - 2】　如图 3 - 10 所示,已知三棱锥侧面上一点 M 的 V 面投影 m' 和棱线上 N 点的 V 面投影 n',求 M、N 两点的其他各面相应投影。

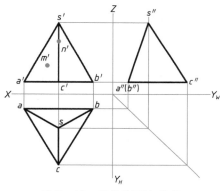

图 3 - 10　棱锥表面上的点

解:(1)分析:作辅助线 S Ⅱ;求出直线 S Ⅱ 的水平投影,根据在直线上的点的投影规律,求出 M 点的 H 面投影 m;根据知二求三的方法,求出 M 点的 W 面投影 m''。

M 点的 H 面投影 m 和 W 面投影 m'' 如图 3 - 11a 所示。

(2)分析:点 N 在棱线 SC 上,点 N 的 W 面投影必在 SC 的 W 面投影 $s''c''$ 上;点 N 的水平面投影必在 SC 的水平面投影 sc 上。

N 点的 H 面投影 n 和 W 面投影 n'' 如图 3 - 11b 所示。

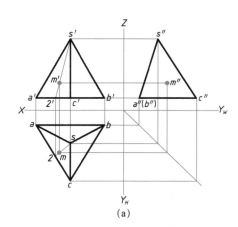
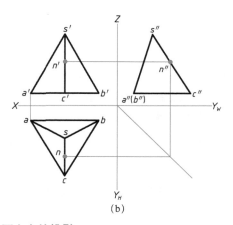

(a)　　　　　　　　　　　　　　　　(b)

图 3 - 11　棱锥表面上点的投影

三、平面立体的尺寸标注

任何机器零件都是依据图样中的尺寸进行加工的,因此,在图样中必须正确地标注出尺寸。平面立体一般应标注长、宽、高三个方向的尺寸,正方形的尺寸可用"边长×边长"的形式,见表3-1;也可用在边长数字前加正方形符号"□"的形式标出,见表1-4中方头结构。

表3-1　平面立体的尺寸标注图示

棱　柱		棱　锥	
立 体 图	三 视 图	立 体 图	三 视 图
四棱柱 	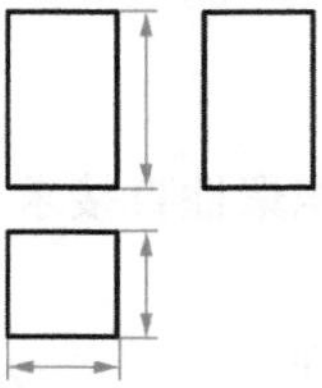	四棱锥 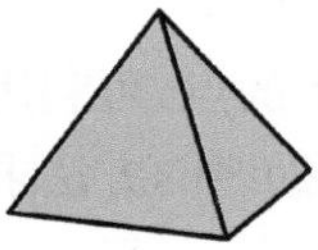	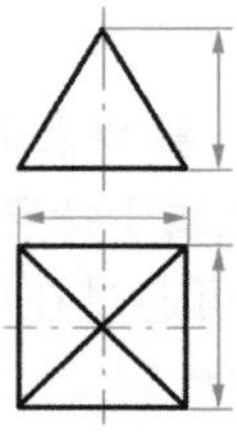
正六棱柱 	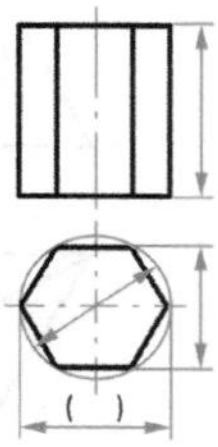	四棱台 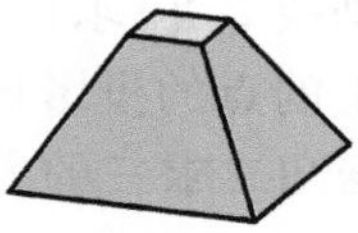	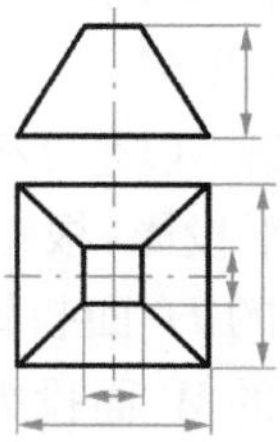

任务二　　基本回转体三视图的绘制

学习目标

1. 归纳基本回转体的投影特性及视图的画法。
2. 熟练绘制与识读基本回转体的三视图。
3. 掌握圆柱、圆锥表面上点、线的投影作图。
4. 具备简单形体的由物画视图和看图想物的能力。

机械零部件中常见的轴、销、轴承的形体中有回转曲面,它们由基本回转体演变或组合而来。

若组成立体的曲面为回转面,则该立体称为回转体。常见的回转体有圆柱、圆锥和球。工程中许多机械零件是由一些简单的基本回转体组合而成的,如图 3-12 所示。

图 3-12 常见的由基本回转体组合的机械零件

一、圆柱

1. 圆柱的形成

圆柱由上下底两个圆平面和一圆柱面组成。圆柱的形成如图 3-13 所示。

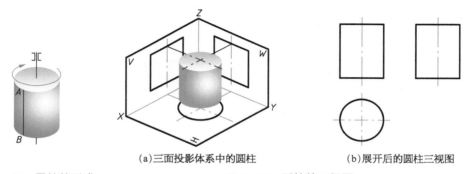

(a)三面投影体系中的圆柱　　　　　(b)展开后的圆柱三视图

图 3-13　圆柱的形成　　　　　　图 3-14　圆柱的三视图

2. 圆柱的三视图

图 3-14 所示为圆柱的三视图。

3. 圆柱三视图的作图步骤

圆柱的三视图,一般先从反映形状特征的视图画起,然后按视图间投影关系完成其他两个视图。圆柱三视图的作图步骤如图 3-15 所示。

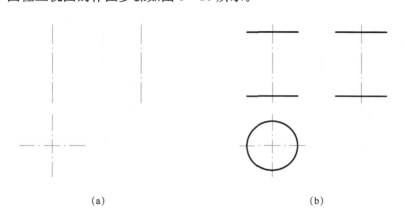

(a)　　　　　　　　　　　　(b)

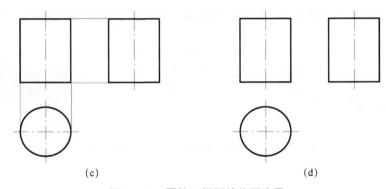

(c)　　　　　　　　　(d)

图 3 – 15 　圆柱三视图的作图步骤

【拓展应用】

作如图 3 – 16 所示自行车前轮心轴的三视图(尺寸如图)。

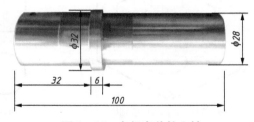

图 3 – 16 　自行车前轮心轴

4. 圆柱表面上点的投影

圆柱表面均为特殊位置平(曲)面,所以求圆柱表面上点的投影均可利用平(曲)面投影的积聚性求得,并判断可见性。

【例 3 – 3】　如图 3 – 17a 所示,已知圆柱面上点 M 的正面投影 m',求它的水平投影

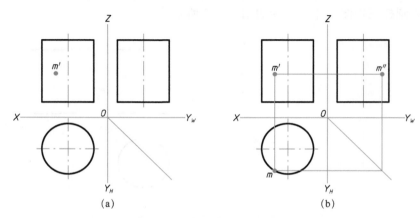

(a)　　　　　　　　　　　　(b)

图 3 – 17 　圆柱表面上点的投影

m 和侧面投影 m''。

分析：圆柱面是铅垂面，利用它的水平投影的积聚性，根据"长对正"求得 H 面投影 m，再根据"高平齐、宽相等"求得 m''。

解：(1) 如图 3-17b 所示，过 m' 作 OX 轴垂线，交 H 面上圆周线（左前方）得 H 面投影 m；

(2) 过 m' 作 OZ 轴垂线，过 m 作 OY_H 轴垂线，根据"高平齐、宽相等"求得 m''。

二、圆锥

1. 圆锥的形成

圆锥由底面和一圆锥面组成。圆锥的形成如图 3-18 所示。

2. 圆锥的三视图

图 3-19 所示为圆锥的三视图。

图 3-18　圆锥的形成

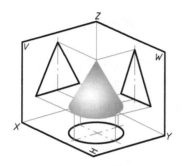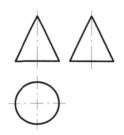

(a)三面投影体系中的圆锥　　　　(b)展开后的圆锥三视图

图 3-19　圆锥的三视图

3. 圆锥三视图的作图步骤

圆锥的三视图一般先从反映形状特征的视图画起，然后按视图间投影关系完成其他两个视图。圆锥三视图的作图步骤如图 3-20 所示。

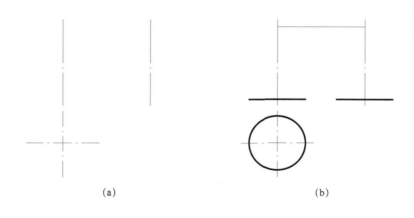

(a)　　　　　　　　　　　　　　(b)

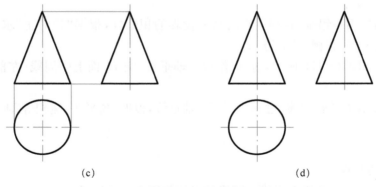

(c)　　　　　　　　　(d)

图 3‑20　圆锥三视图的作图步骤

图 3‑21　伞形回转顶针

【拓展应用】

作如图 3‑21 所示伞形回转顶针的三视图（尺寸如图）。

4. 圆锥表面上点的投影

当点位于圆锥表面特殊位置（前后左右轮廓线上），可利用其特殊性作出点的投影，如图 3‑22a 所示。如果处于圆锥表面一般位置，可采用辅助圆和辅助线法作图，如图 3‑22b 所示。

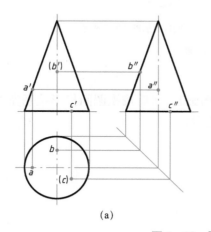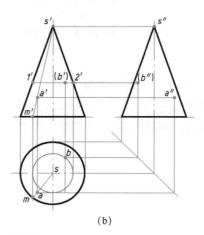

(a)　　　　　　　　　(b)

图 3‑22　圆锥表面上点的投影

三、球

1. 球的形成

球体由球面围成。球面可看作以一圆为母线，绕其自身直径回转而成，球的形成如图 3‑23 所示。

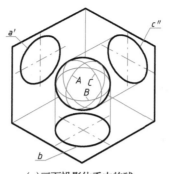

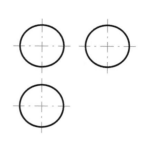

(a)三面投影体系中的球　　　　(b)展开后的球三视图

图 3‑23　球的形成　　　　图 3‑24　球的三视图

2. 球的三视图

图 3‑24 所示为球的三视图。

3. 球三视图的作图步骤

作球的三视图比较简单,先画出三个视图的对称中心线作为基准线,再作三个与球等直径的圆。

四、回转体的尺寸标注

回转体一般应标注直径、高,通常将尺寸注在非圆视图上,只需一个视图即可确定回转体的形状和大小,见表 3‑2。

表 3‑2　回转体的尺寸标注图示

立　体　图	三　视　图	立　体　图	三　视　图
圆柱	ϕ	圆台	ϕ_1　ϕ_2
圆锥	ϕ	球	$S\phi$

【知识拓展】 圆环

1. 圆环的形成

圆环的形成如图 3 - 25 所示。

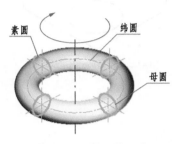

图 3 - 25　圆环的形成

2. 圆环的三视图

图 3 - 26 所示为圆环的三视图。

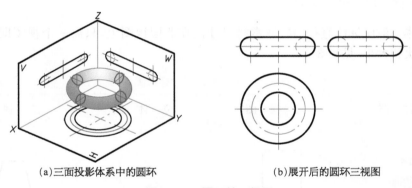

(a)三面投影体系中的圆环　　　　　(b)展开后的圆环三视图

图 3 - 26　圆环的三视图

3. 圆环三视图的作图步骤

作圆环的三视图比较复杂,圆环三视图的作图步骤如图 3 - 27 所示。

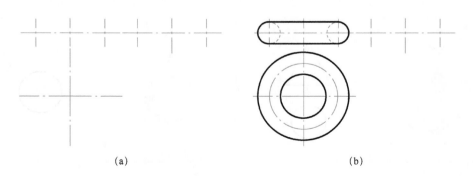

(a)　　　　　　　　　　　　(b)

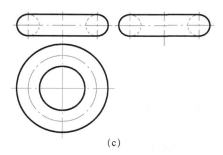

(c)

图 3 - 27　圆环三视图的作图步骤

任务三　截交线的绘制

1. 记住基本体截交线的基本形式与性质。
2. 会绘制平面体截交线的投影。

生活、生产中形体上的局部形状是由一些简单的基本体变化而成的,如图 3 - 28 所示的上海环球金融中心外形轮廓、车刀的刀刃、联轴器接头。掌握截交线的绘制,是正确画出物体视图或识读物体视图的基础。

图 3 - 28　平面立体截切实际应用

一、平面体的截交线

1. 截交线的概念

截切是指用一个平面截立体。平面与立体表面的交线称为截交线,该平面为截平面。截平面为一平面多边形,如图 3 - 29 所示。

2. 截交线的基本性质

(1) 截交线是截平面与立体表面的共有线。

(2) 截交线既在截平面上，又在立体表面上。

3. 截交线的画法

平面体截交线的基本作图步骤如下：

(1) 分析截平面与平面体的相对位置；

(2) 分析截平面与投影面的相对位置；

(3) 分别求出截平面与棱面的交线，并连接成多边形。

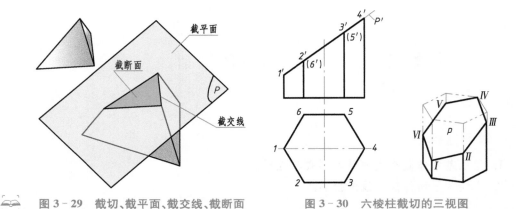

图 3–29　截切、截平面、截交线、截断面　　　　图 3–30　六棱柱截切的三视图

【例 3–4】　作正六棱柱被正垂面切割后的左视图。

分析：正垂面 P 与六棱柱的六条棱线都相交，所以截交线构成一个六边形，其顶点 1、2、3、4、5、6 是各棱线与 P 的交点。由于这些交点的正面投影与正垂面 P 的正面投影重合，因而可以利用直线上点的投影特性，由正面投影和水平投影作出截交线的侧面投影，如图 3–30 所示。

【例 3–5】　补全三棱锥被正垂面切割后的三视图。

分析：截平面 P 是正垂面，正面投影具有积聚性，因此截交线的正面投影随 P_V 积聚而已知；求截交线另两面投影，关键是求截平面 P 与三棱线的交点，如图 3–31 所示。

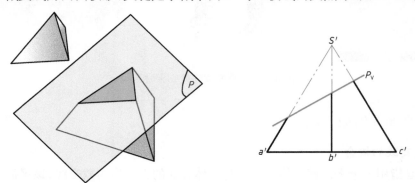

图 3–31　三棱锥截切的三视图

二、回转体的截交线

平面与回转体相交时,其截交线一般为封闭的平面曲线或直线,特殊情况为直线与平面曲线组成的封闭的平面图形,如图 3-32 所示。

图 3-32 平面切割回转体

1. 圆柱截交线的画法

圆柱截交线的作图方法一般按下面步骤进行:

(1) 作特殊点,如图 3-33a 所示。特殊点可确定截交线的范围,它们通常是截交线的极限位置(最高、最低、最前、最后、最左、最右)点,这些特殊点的投影多数在回转体的转向轮廓线上。

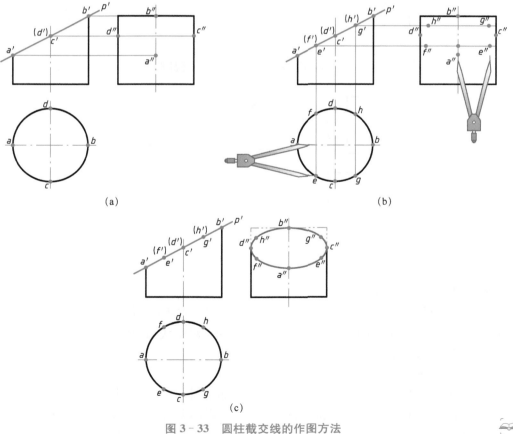

图 3-33 圆柱截交线的作图方法

（2）作若干中间点，如图 3 - 33b 所示。在特殊点之间作出中间点的投影，可准确画出截交线的投影。

（3）将各点依次光滑连接成曲线，并判别可见性，如图 3 - 33c 所示。

平面与圆柱相交，由于截平面与圆柱轴线的相对位置不同（水平、垂直、倾斜），平面截切圆柱所得的截交线有三种：矩形、椭圆及圆，见表 3 - 3。

表 3 - 3　圆柱截交线

相对位置	平 行 于 轴 线	倾 斜 于 轴 线	垂 直 于 轴 线
形　状	矩　形	椭　圆	圆
立体图			
投影图			

【例 3 - 6】　如图 3 - 34 所示，完成联轴器接头的三视图。

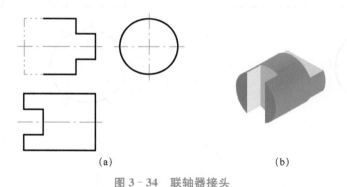

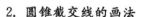

（a）　　　　　　　　　　（b）

图 3 - 34　联轴器接头

2. 圆锥截交线的画法

平面与圆锥相交，由于截平面与圆锥轴线的相对位置不同，平面截切圆锥所得的截交线有五种：圆、椭圆、抛物线与直线组成的平面图形、双曲线与直线组成的平面图形及过锥顶的三角形。圆锥截交线的类型见表 3 - 4。

3. 球截交线的画法

任何位置的平面截切球时，所得到的截交线都是圆，但投影随截平面位置的不同而各异。当截平面平行于某一投影面时，截交线在该投影面上的投影为圆，在另外两投影面上的投影积聚为直线，线段的长度等于截交线圆的直径，如图 3 - 35 所示。

表 3-4 圆锥截交线

相对位置	垂直于轴线	倾斜于轴线	平行于轴线	平行于一条素线	过锥顶直线
形状	圆	椭圆	双曲线	抛物线	三角形
立体图					
投影图					

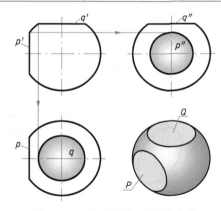

图 3-35 平面截切球的截交线

任务四　　　相贯线的绘制

学习目标

1. 能描述相贯线的性质。
2. 会用简化画法作两圆柱正交时相贯线的投影。
3. 会识别同轴回转体相贯线的投影。

生活、生产中有许多零件的结构由立体相贯而成，如图 3-36 所示的三通管、圆顶建筑等。掌握回转体相贯线的绘制，是正确画出物体视图或者识读物体视图的基础。

图 3-36　回转体相贯实际应用

一、相贯线的概念

1. 相贯线

两立体相交称为相贯，表面形成的交线称为相贯线。相贯线的画法和截交线一样，作相交表面上共有点的投影，光滑连接所得的曲线即为所求的相贯线，如图 3-37 所示。

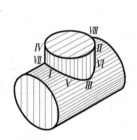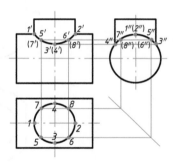

图 3-37　相贯线

2. 相贯线的性质

（1）相贯线是相交两立体表面的共有线，相贯线上的点是相交两立体表面上的共有点。

（2）相贯线一般是封闭的空间曲线，特殊情况下可能是平面曲线或直线。

二、两圆柱正交相贯线的画法

1. 表面取点法绘制两圆柱正交相贯线

如图 3-38 所示两圆柱正交，其相贯线的作图方法如下：

（1）找特殊点。图 3-38a 所示空间点Ⅰ、Ⅱ、Ⅲ、Ⅳ的投影见图 3-38b。

（2）作任意点。任作与俯视图水平轴线平行的截平面，得到交点 m、n，按投影关系得到点 m'、n'。

（3）用光滑曲线连接 $1'm'3'n'2'$，即得到所求的相贯线（图 3-38c）。

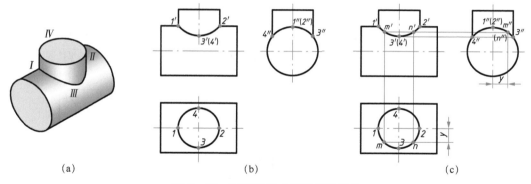

图 3 - 38　两圆柱正交相贯线的画法

2. 简化画法绘制两圆柱正交相贯线

在不影响真实感的情况下,相贯线允许用一段圆弧代替,如图 3 - 39 所示。作图方法如下:

找出特殊点的投影 $1'$、$2'$,以 $1'$ 为圆心,以大圆柱的半径 R 为半径,作圆弧与小圆柱轴线交点 O,如图 3 - 39b 所示。再以点 O 为圆心,以 R 为半径作圆弧连接 $1'$、$2'$,此圆弧即为不等径两圆柱正交的相贯线,如图 3 - 39c 所示。

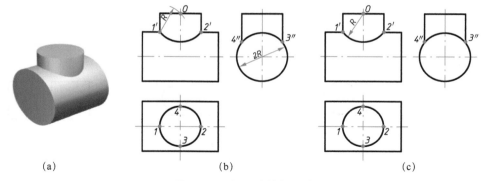

图 3 - 39　相贯线简化画法

3. 两圆柱正交相贯的常见类型

当正交相贯的两圆柱直径不等时,相贯线的弯曲方向总是朝向直径大圆柱的轴线;当正交相贯的两圆柱直径相等时,相贯线变为两条平面曲线,其投影积聚为两条相交直线。两圆柱正交相贯的常见类型见表 3 - 5。

表 3 - 5　两圆柱正交相贯的常见类型

类型	直 径 不 等		直 径 相 等
	$\phi < \phi_1$	$\phi > \phi_1$	$\phi = \phi_1$
立体图			

（续表）

类型	直　径　不　等		直　径　相　等
	$\phi < \phi_1$	$\phi > \phi_1$	$\phi = \phi_1$
投影图			

4. 圆柱相贯其他类型

圆柱相贯还有其他类型，见表 3-6。

表 3-6　圆柱相贯的其他类型

类型	圆柱孔与实心圆柱相交	圆柱孔相交	
		不等径	等径
立体图			
投影图			

三、同轴回转体相贯线的画法

同轴回转体是由两个回转体以共轴线的形式相交形成的，此时的相贯线是垂直于回转体轴线的圆，在与轴线平行的投影面上为垂直于轴线的直线，如图 3-40 所示。

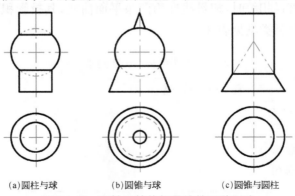

(a)圆柱与球　　　　(b)圆锥与球　　　　(c)圆锥与圆柱

图 3-40　同轴回转体相贯线的三种画法

任务五　组合体三视图的绘制与识读

学习目标

1. 说明形体分析法、线面分析法的含义。
2. 识别组合体的组合形式。
3. 能识读与绘制简单组合体三视图。
4. 具备简单组合体的由物画视图和看图想物的能力。

　　机械零件的外形无论多么复杂，从形体的角度分析，都可以看作由若干基本立体按一定的方式组合而成，如图 3－41 所示。

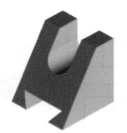

图 3－41　机械零件

一、组合体的组合形式与表面连接关系

　　由两个及两个以上的基本立体组合构成的物体，称为组合体。

　　1. 组合体的组合形式

　　组合体的组合形式可分为叠加式、切割式和综合式。多数组合体是既有叠加又有切割的综合式，如图 3－42 所示。

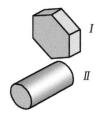
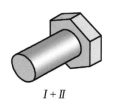
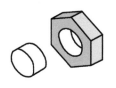

I

II

$I+II$

$I-II$

(a)叠加式　　　　　　　　　(b)切割式

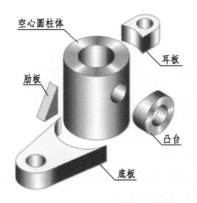

(c)综合式

图 3-42 组合体的组合形式

2. 组合体的表面连接关系

组合体组合部分表面之间的连接关系有相贴、相切和相交三种。

1)相贴

相贴是指两基本体以平面的方式相互接触。相贴表面有不平齐和平齐两种情况：

(1)不平齐。两表面间不平齐的连接处应该有线隔开，如图 3-43 所示。

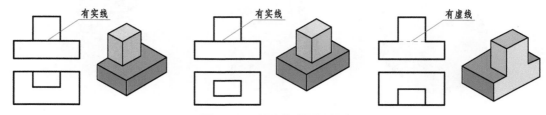

图 3-43 组合体表面不平齐

(2)平齐。两表面间平齐的连接处不应有线隔开，如图 3-44 所示。

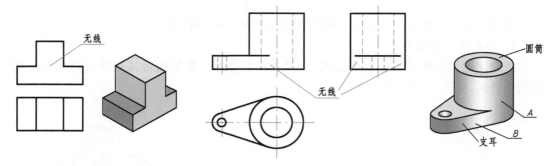

图 3-44 组合体表面平齐   图 3-45 组合体表面相切

2)相切

相切是指两基本体表面光滑过渡，当曲面与曲面或曲面与平面相切时，在相切处不存在交线，如图 3-45 所示。

3）相交

相交是指两基本体表面彼此相交。相交处应画出交线,如图3-46所示。

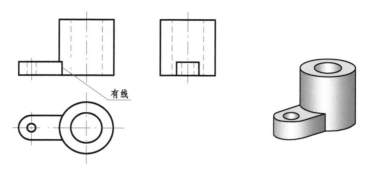

有线

图3-46　组合体表面相交

二、组合体三视图的绘制

画组合体视图的基本方法是形体分析法,即根据组合体的形状,把组合体分解为若干个基本形体,分析它们的形状、相对位置、组合形式及表面连接关系,逐个绘制基本形体的三视图,最终整理完善组合体的三视图。

【例3-7】　绘制如图3-47a所示组合体的三视图。

解:(1)形体分析。该组合体由底板1、立板2、肋板3和圆柱体4组成,如图3-47b所示。

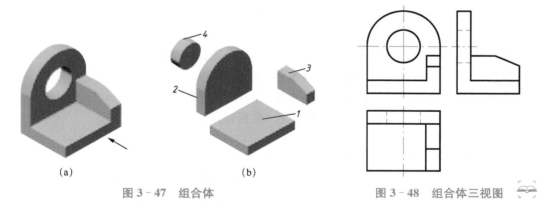

(a)　　　　　　　　　　　　(b)

图3-47　组合体　　　　　　　图3-48　组合体三视图

(2)确定主视图。选择能够较多反映物体各组成部分的形状特征和相对位置关系的方位作为主视图的投射方向,并尽可能使形体的主要表面平行于基本投影面。该组合体的主视图的投射方向,如图3-47a箭头所示。

(3)绘制底稿。在形体分析的基础上,逐一画出每一个基本体的三视图。绘图时,一般从形状特征明显的视图入手,先画主要轮廓,后画次要轮廓;先画外形轮廓,后画内部结构;先画圆或圆弧,后画直线。同一结构最好三个视图配合绘制。

(4)完成三视图。检查、清理图线,确定没有错误后,按国家标准规定加深图线,完成组合体三视图的绘制,如图3-48所示。

【拓展应用】

作如图 3-49 所示印刷机大支架轴的三视图(尺寸如图)。

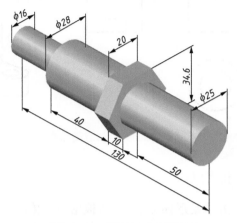

图 3-49　印刷机大支架轴

三、组合体的尺寸标注

视图只能表达组合体的结构形状,而组合体各部分的大小及其相对位置,要通过标注尺寸来确定。标注组合体尺寸的基本要求是正确、完整、清晰。

1. 尺寸种类

组合体视图上一般要标注三类尺寸:定形尺寸、定位尺寸和总体尺寸。

(1) 定形尺寸。确定组合体中各基本体大小的尺寸。

(2) 定位尺寸。确定组合体中各基本体之间相对位置的尺寸。

(3) 总体尺寸。确定组合体外形的总长、总宽、总高的尺寸。

2. 尺寸基准

由于组合体中的各基本形体需要在长、宽、高三个方向定位,所以在这三个方向上都要有定位尺寸,也就是要在三个方向上都有尺寸基准。可以选作尺寸基准的,通常是某主要基本体的底面、端(侧)面、对称平面以及回转体的轴线等,如图 3-50 所示。

3. 尺寸标注

组合体尺寸标注分为以下四个步骤:

(1) 按形体分析法将组合体分解为若干基本形体,再初步考虑各基本形体的定形尺寸;

(2) 选定长、宽、高三个方向的尺寸基准;

(3) 逐个标注各基本形体的定形尺寸和定位尺寸;

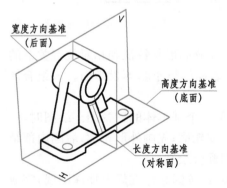

图 3-50　组合体尺寸标注(一)

（4）调整并标注总体尺寸。

轴承座三视图尺寸标注如图 3-51 所示。

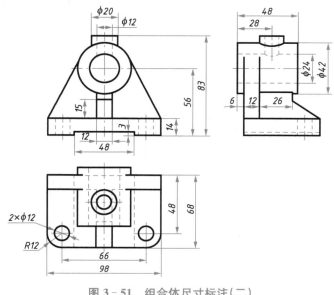

图 3-51　组合体尺寸标注(二)

四、组合体三视图的识读

1. 看图要点

1）几个视图联系起来看

通常一个视图不能确定组合体的形状及其各形体间的相对位置，如图 3-52 所示。

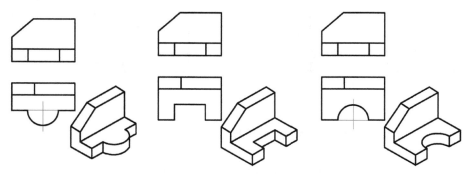

图 3-52　一个视图不能确定组合体的形状

2）抓形体的特征视图

特征视图是指反映物体形状以及相对位置最为充分的视图。一般地，总有一个视图能够将物体某一部分的形状特征较好地反映出来，如图 3-53a、b 所示。抓住特征并联系其他视图就可准确、迅速地读懂视图。

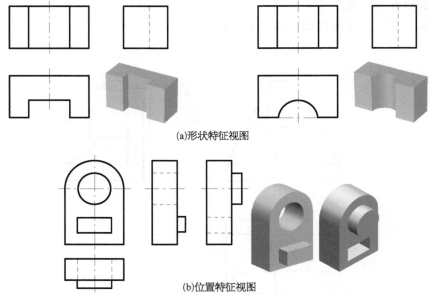

(a)形状特征视图

(b)位置特征视图

图 3-53 特征视图

3) 区分不同形体

注意图中虚实线变化,区分不同形体,如图 3-54a、b 所示。

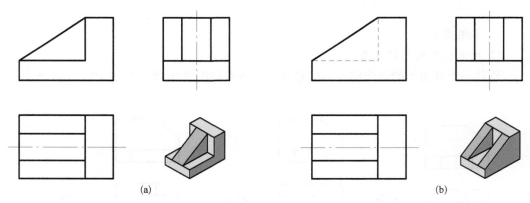

(a) (b)

图 3-54 区分不同形体

4) 分析视图中图线、线框的含义,识别形体表面间的位置关系

掌握视图中的图线和线框的含义,是读图的基础。

(1) 图线的含义。视图中图线的含义可能有以下三种:

① 两表面交线的投影,如图 3-55 中线 1;

② 面的积聚性投影,如图 3-55 中线 2;

③ 回转体轮廓素线的投影,如图 3-55 中线 3。

(2) 线框的含义。视图中线框的含义可能有以下三种:

① 形体上平面的投影,如图 3-56 中线框 A;

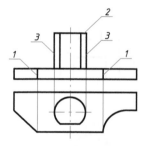

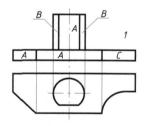

图 3 - 55　视图中图线的含义　　　　　图 3 - 56　视图中线框的含义

② 曲面的投影,如图 3 - 56 中线框 C;

③ 组合面的投影,如图 3 - 56 中线框 B。

2. 形体分析法读图

看组合体视图一般是以形体分析法为主,线面分析法为辅。

形体分析法读图,是从形体出发,在视图上分线框,根据三视图基本投影规律和基本形体的三视图,从图上逐个识别出基本形体的形状和相互位置,再确定它们的组合形式及其表面的相对位置,综合想象出组合体的形状。其读图要领是:线框对投影;形体定位置;组合想整体。读图步骤扫图 3 - 57。

图 3 - 57　形体分析法读图(一)

【例 3 - 8】　补画如图 3 - 58 所示组合体的左视图。

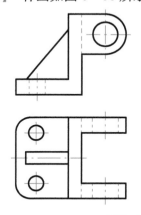

图 3 - 58　形体分析法读图(二)

3. 线面分析法读图

线面分析法是指分析投影图上线、面的投影特征和相对位置,进而确定立体形状的方法。形体分析法是从"体"的角度去分析并看懂投影图,线面分析法则是从"线"和"面"的角度去分析和读图的。运用线面分析法,必须熟练掌握各种线、面的投影特点,以及视图中图线和线框所代表的含义。其读图要领是:分线框;对投影;想截面。读图步骤如图 3 - 59 所示。

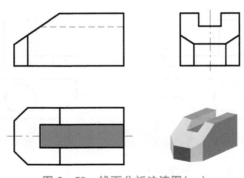

图 3－59　线面分析法读图(一)

【例 3－9】　补画如图 3－60 所示组合体的左视图。

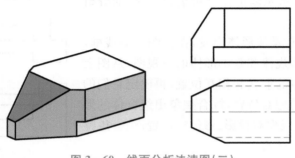

图 3－60　线面分析法读图(二)

任务六　轴测图的绘制

学习目标

1. 记住与轴测投影相关的基本概念。
2. 会绘制简单形体的正等测图。
3. 会绘制简单形体的斜二等测图。

　　如图 3－61 所示,三面正投影图能准确地表达形体的表面形状及相对位置,具有良好的度量性,是工程上广泛使用的图示方法,其缺点是缺乏立体感,需要受过专门训练者才能看懂。因此,在工程上,常把接近于人的视觉习惯、富有立体感的轴测图作为辅助图样;在设计中,用轴测图帮助构思、想象物体的形状,以弥补正投影图的不足。

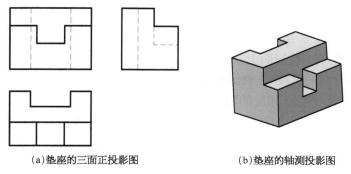

(a)垫座的三面正投影图   (b)垫座的轴测投影图

图 3 - 61　正投影图与轴测投影图比较

一、轴测图基本知识

1. 轴测图的形成

轴测投影属于平行投影的一种，它是将形体连同确定其空间位置的直角坐标系，用平行投影法，沿 S 方向投射到选定的一个投影面 P 上得到投影的投影法。用轴测投影法画出的图，称为轴测投影图，简称轴测图，如图 3 - 62 所示。投影面 P 称为轴测投影面。

2. 轴间角与轴向伸缩系数

确定形体的坐标轴 OX、OY 和 OZ 在轴测投影面 P 上的投影 O_1X_1、O_1Y_1 和 O_1Z_1 称为轴测投影轴，简称轴测轴。轴测轴之间的夹角称为轴间角，如图 3 - 63 所示。

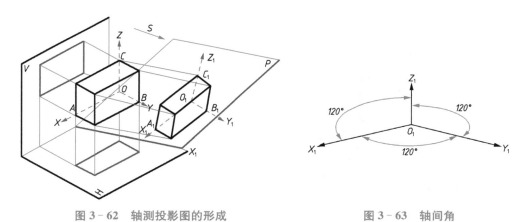

图 3 - 62　轴测投影图的形成   图 3 - 63　轴间角

物体上线段的投影长度与其实长之比，称为轴向伸缩系数。各轴向伸缩系数见表 3 - 7。

表 3 - 7　各轴向伸缩系数

方　向	X 轴	Y 轴	Z 轴
符　号	$p = \dfrac{O_1X_1}{OX}$	$q = \dfrac{O_1Y_1}{OY}$	$r = \dfrac{O_1Z_1}{OZ}$

轴间角和轴向伸缩系数是轴测图的两组基本参数。

3. 轴测投影的基本性质

轴测投影是在单一投影面上获得的平行投影,所以,它具有平行投影的一切性质:

(1) 相互平行的两直线,其轴测投影仍保持相互平行。因此,形体上平行于某坐标轴的直线,其轴测投影平行于相应的轴测轴。

(2) 平行两线段长度之比,等于其轴测投影长度之比。因此,形体上平行于坐标轴的线段,其轴测投影与其实长之比,等于相应的轴向变形系数。

4. 轴测投影的分类

按投影方向与轴测投影面之间的关系,轴测投影可分为正轴测投影和斜轴测投影两大类。根据轴向伸缩系数不同,轴测图有多种。下面介绍工程上最常用的正等轴测图和斜二轴测图。

二、正等轴测图

1. 正等轴测投影图的概念

当轴测投影的投射线方向与轴测投影面垂直时,所形成的轴测投影称为正轴测投影,如图 3-64 所示。轴向伸缩系数 $p=q=r=0.82$ 的正轴测投影图称为正等轴测图(简称正等测)。绘图时,为便于作图,一般取轴向伸缩系数为 1。正轴测投影的轴间角为 120°,如图 3-65 所示。

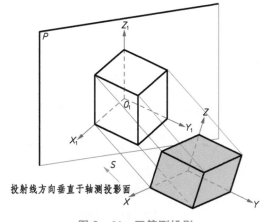

投射线方向垂直于轴测投影面

图 3-64　正等测投影

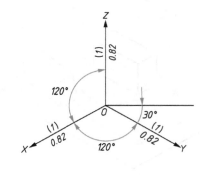

图 3-65　正等测投影的轴间角与轴向伸缩系数

2. 平面体的正等测投影

绘制平面立体的轴测图的基本方法有坐标法和切割法。用坐标法作图时,沿坐标轴测量,由各个顶点的坐标值画出其轴测投影,连接各个顶点的轴测投影形成物体的轴测图;对于不完整的物体,可先按完整物体画出,再用切割法画出其不完整的部分。

【例 3-10】　根据图 3-66 作正六棱柱正等测图。

解:对于正六棱柱正等测图,一般先以顶面为坐标平面,根据六棱柱的高作出底面六个顶点。正六棱柱正等测图如图 3-67 所示。

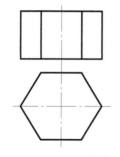

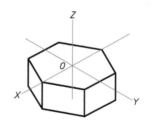

图 3-66 正六棱柱视图   图 3-67 正六棱柱正等测图

轴测图中一般只画出可见轮廓，必要时才画出其不可见部分，并用虚线表示。

3. 回转体的正等测投影

作回转体的轴测图，首先要会作圆的正等测图。圆的正等测图是个椭圆，三个坐标面或其平行面上圆的正等测图是大小相等、形状相同的椭圆，只是长短轴方向不同，如图 3-68 所示。

实际作图中，一般不要求准确地画出椭圆曲线，经常采用"菱形法"近似作图。

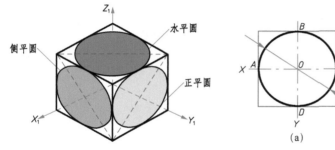

图 3-68 平行于坐标面圆的
正等测投影

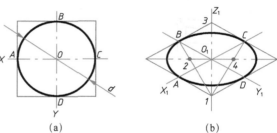

(a)   (b)

图 3-69 水平面上圆正等测图

1）坐标平面上圆的正等测图

【例 3-11】 作如图 3-69a 水平面上圆的正等测图。

解：用菱形法近似作椭圆，如图 3-69b 所示。

2）圆柱的正等测图

圆柱的正等测图画法如图 3-70 所示。用菱形法画顶面和底面的椭圆，然后作两椭圆的公切线，最后擦去多余作图线，描深后即完成全图。

三、斜二轴测图

1. 斜二轴测投影的概念

斜二轴测图是在确定物体的直角坐标系时，使 X 轴和 Z 轴平行于轴测投影平面 P，用斜投影法将物体连其坐标轴一起向 P 面投射得到的投影图，简称斜二测，如图 3-71 所示。斜二轴测投影的轴向伸缩系数 $p=r=1$，$q=0.5$，轴间角 $\angle X_1 O_1 Z_1=90°$，$\angle X_1 O_1 Y_1=\angle Y_1 O_1 Z_1=135°$，如图 3-72 所示。

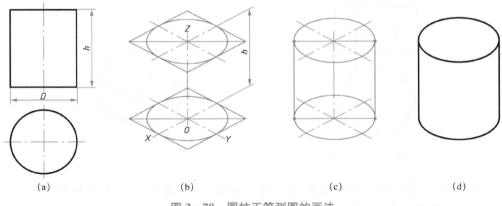

图 3 - 70　圆柱正等测图的画法

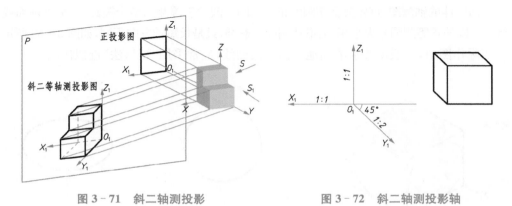

图 3 - 71　斜二轴测投影　　　　　图 3 - 72　斜二轴测投影轴

2. 平面体斜二测

平面体斜二测的画法与正等测相似,但它们的轴间角及轴向伸缩系数均不同。正面斜二测中,物体的正面能反映真实形状;由于 OY 轴的轴向伸缩系数 $q = 0.5$,故沿 OY 轴方向的长度应取物体上相应长度的一半。

【例 3 - 12】　已知立体的两视图如图 3 - 73 所示,作其斜二测图。

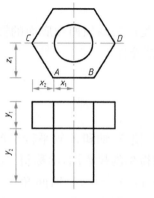

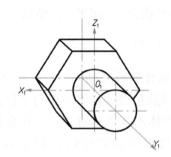

图 3 - 73　立体的两视图　　　　　图 3 - 74　立体的斜二轴测图

解：立体由同轴的圆柱体与六棱柱叠加，圆柱体的底面平行于 V 面，以六棱柱前端面作为 $X_1O_1Z_1$ 坐标面，画与主视图相同的正面形状，按 O_1Y_1 方向画 $45°$ 平行线，圆心沿 O_1Y_1 向前移 $0.5y_2$ 画出圆柱的前端面圆；圆心沿 O_1Y_1 向后移 $0.5y_1$ 画出六棱柱的后端面，最终得到图 3-74。

任务七　徒手绘图

学习目标

具备徒手绘图的能力。

草图是工程技术人员交流、记录、构思、创作的有力手段，徒手绘制草图是工程技术人员必须掌握的一项重要的基本技能。绘制草图一般以目测估计图形与实物的比例，按一定画法要求徒手（或部分使用绘图仪器）绘制。

一、直线的画法

徒手画直线时，执笔要自然，手腕抬起，不要靠在图纸上，眼睛朝着前进的方向，注意画线的终点。同时，小手指可与纸面接触，作为支点，保持运笔平稳。

短直线应一笔画出，长直线则可分段相接而成。画水平线时，可将图纸稍微倾斜放置，从左到右画出。画垂直线时，由上向下较为顺手。画斜线时，最好将图纸转动到适宜运笔的角度。图 3-75 所示为水平线、垂直线和斜线的徒手画法。

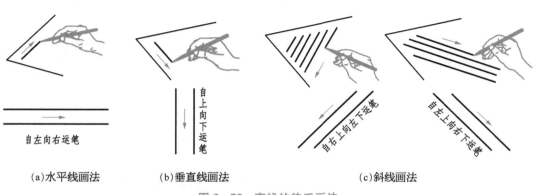

(a)水平线画法　　(b)垂直线画法　　　　　(c)斜线画法

图 3-75　直线的徒手画法

二、圆、圆角的画法

画小圆时,先画中心线,在中心线上按半径大小,目测定出四点,然后过四点分两半画出,如图 3-76a 所示。也可以过四点先画正方形,再画内切的四段圆弧,如图 3-76b 所示。

画直径较大的圆时,可过圆心加画一对十字线,按半径大小,目测定出八点,然后依次连点画出,如图 3-76c 所示。

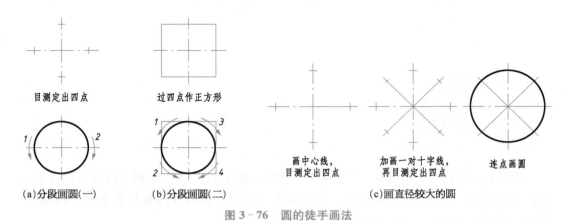

(a)分段画圆(一)　　(b)分段画圆(二)　　(c)画直径较大的圆

图 3-76　圆的徒手画法

画圆角时,先将直线画成相交后作角平分线,在角平分线上定出圆心位置,使其与角两边的距离等于圆角半径的大小;过圆心向角两边引垂线,定出圆弧的起点和终点,同时在角平分线上定出圆周上的一点;徒手把三点连成圆弧,如图 3-77a 所示。采用类似的方法,还可画圆弧连接,如图 3-77b 所示。

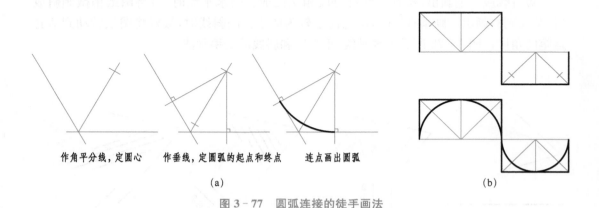

作角平分线,定圆心　　作垂线,定圆弧的起点和终点　　连点画出圆弧

(a)　　　　　　　　　　　(b)

图 3-77　圆弧连接的徒手画法

三、特殊角度线的画法

画 45°、30°、60°等特殊角度,可根据直角三角形两直角边的比例关系,在两直角边上定出两端点,然后连接而成,如图 3-78 所示。

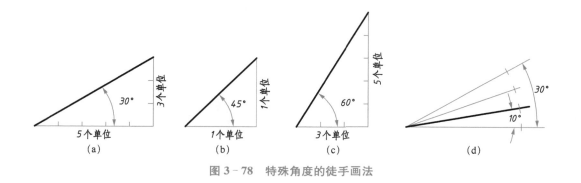

图 3-78 特殊角度的徒手画法

四、椭圆的画法

画椭圆时,先根据长、短轴定出四点,画出一个矩形,然后画出与矩形相切的椭圆,如图 3-79a 所示。也可先画出椭圆的外切菱形,然后画出椭圆,如图 3-79b 所示。

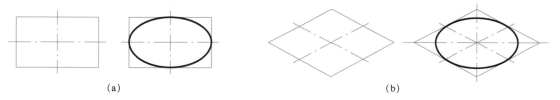

图 3-79 椭圆的徒手画法

注意:初学徒手绘图,最好在方格纸上练习,待有一定熟练程度后再用空白纸绘图。

【例 3-13】 徒手绘制如图 3-80 所示的木模三视图。

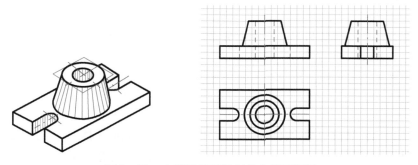

图 3-80 木模及徒手绘制的木模三视图

单元四 机件结构形状的表达

在生产实际中,当机件的形状、结构比较复杂时,仅用三视图是难以完整、清晰地表达机件的内外形状和结构的。为此,国家标准《技术制图》《机械制图》中规定了视图、剖视图、断面图、局部放大图和简化画法等表示法。

任务一 机件外部结构形状的表达

 学习目标

1. 能说明机件外部结构形状表达的方法和各自的适用场合。
2. 会应用基本视图、向视图、局部视图和斜视图表达法。
3. 能够识读视图并想象零件的外部结构形状。

图 4-1a 所示部件是在管路系统中用来调节液体(或气体)流量的球阀。图 4-1b 所示阀体是该部件中的一个零件,要将此零件表达清楚,仅用三视图表达是不够的,还要用到其他表达方法。视图通常包括基本视图、向视图、局部视图和斜视图。

一、基本视图

将机件向基本投影面投射所得的视图称为基本视图。

如图 4-2a 所示,将物体放在正六面体内,分别向各基本投影面投射。投影后,规定正面不动,把其他投影面展开到与正面成同一个平面,如图 4-2b 所示。

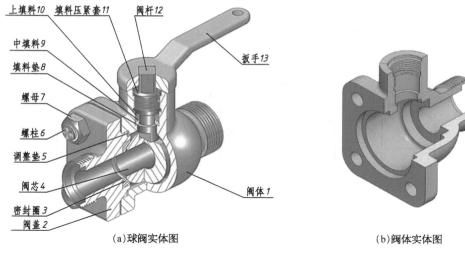

(a)球阀实体图　　　　　　　　(b)阀体实体图

图 4-1　球阀

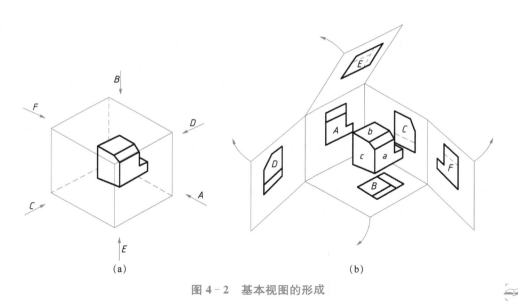

(a)　　　　　　　　　　　(b)

图 4-2　基本视图的形成

六个基本投射方向及视图名称见表 4-1。

表 4-1　基本投射方向及视图名称

方向代号	A	B	C	D	E	F
投射方向	自前向后	自上向下	自左向右	自右向左	自下向上	自后向前
视图名称	主视图	俯视图	左视图	右视图	仰视图	后视图

基本视图的名称和配置关系如图 4-3 所示。当基本视图按图 4-3 展开配置时,不标注视图的名称。

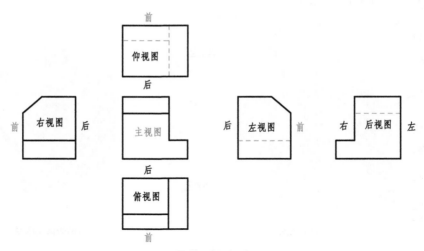

图 4-3 基本视图的配置和方位对应关系

基本视图仍符合"长对正、高平齐、宽相等"的投影规律。除后视图外,其他视图远离主视图的一侧表示机件的前方,靠近主视图的一侧表示机件的后方。

在绘制机械图样时,无须将六个基本视图全部画出来,应根据机件的复杂程度和表达需要,选用其中几个必要的基本视图,若无特殊情况,优先选用主、俯、左视图。

二、向视图

向视图是可以自由配置的基本视图。当某视图不能按投影关系配置时,可按向视图配置,如图 4-4 中的"向视图 D""向视图 E""向视图 F"。

向视图必须在图形上方中间位置处标注视图名称"×"("×"处为大写拉丁字母,下同),并在相应视图附近用箭头指明投射方向,并标注相同的字母,如图 4-4 所示。

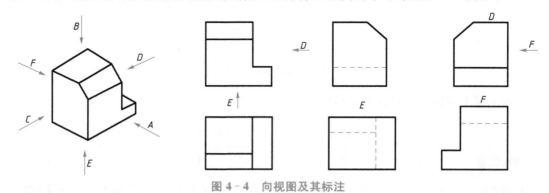

图 4-4 向视图及其标注

三、局部视图

局部视图是将机件的某一部分向基本投影面投影所得的视图。

当物体在平行于某一基本投影面方向上仅有某局部结构形状需要表达,而又没有必要画出其完整的基本视图时,可将物体的局部结构形状向基本投影面投射,这样得到的视图,称为局部视图,如图 4-5"A""B"所示。

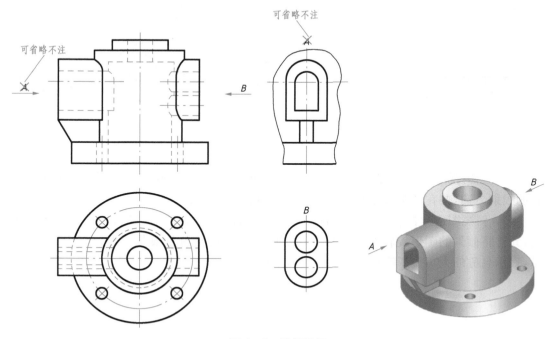

图 4-5 局部视图

绘制局部视图时,应注意:

(1)局部视图的断裂边界应以波浪线或双折线表示,如图 4-5 中的"A"向所示。

(2)当表示的局部结构外形轮廓线呈完整封闭图形时,波浪线可省略不画,如图 4-5 中的"B"向所示。

(3)画局部视图时,一般应在局部视图上方标出视图的名称"×",在相应视图的附近,用箭头指明投射方向,并在箭头旁按水平方向注上相同的字母,如图 4-5 中的"A""B"。

(4)局部视图可按基本视图的形式配置,中间没有其他图形隔开时,可省略标注,如图 4-5 中的"A"。

四、斜视图

斜视图是物体向不平行于基本投影面的平面投射所得的视图。

当物体上有倾斜于基本投影面的结构时,在基本视图上无法反映倾斜结构表面的真实形状,为了表达倾斜部分的实形,可设置一个辅助投影面,使其与倾斜表面平行,在该辅助投影面上得到的视图即为斜视图,如图 4-6 所示。

绘制斜视图时,应注意:

(1)斜视图只需要表达倾斜表面的局部实形,其断裂边界用波浪线或双折线表示。

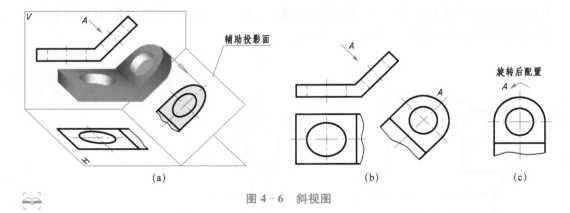

(a) (b) (c)

图 4 - 6　斜视图

（2）画斜视图时，必须在斜视图的上方标出视图名称"×"，在相应的视图附近用箭头指明投射方向，并在箭头旁按水平方向注上同样的字母，如图 4 - 6b 所示。

（3）斜视图通常按投影关系配置，必要时也可配置在其他适当位置；在不引起误解时，允许将倾斜的图形旋转至水平位置，以便作图，此时应标注旋转符号，如图 4 - 6c 所示，表示名称的大写拉丁字母靠近旋转符号的箭头端。

任务二　机件内部结构形状的表达

学习目标

1. 说出剖视的形成，列举剖视图的含义和种类。
2. 会应用全剖视图、半剖视图和局部剖视图表达法。
3. 会各种剖切面剖视图的画法。
4. 能够根据给定的表达方案，识读零件的内部结构形状。

当机件内部结构比较复杂时，视图中会出现较多的虚线（图 4 - 7a），这势必会影响图样的清晰度，也不便标注尺寸，还给识图带来困难。为了能清晰表达机件的内部结构，国家标准规定了剖视图的表达方法。

一、剖视图的基本概念

1. 剖视图的形成

假想用一个剖切平面剖开机件，将处在观察者和剖切平面之间的部分移去，而将其余部分向投影面投射所得的图形称为剖视图，如图 4 - 7 所示。

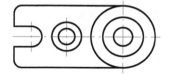

（a）主视图中虚线较多

（b）剖切面剖开机件

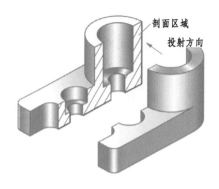

（c）将机件后半部分进行投射

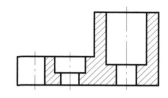

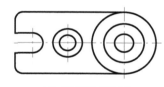

（d）主视图为剖视图

图 4-7　剖视图的形成

2. 剖面符号的表示法

为增强剖视图的表达效果，明辨虚实，通常要在剖面区域（即剖切面与物体的接触部分）画出剖面符号，如图 4-7d的主视图所示。剖面符号的作用如下：① 明显地区分切到与未切到部分，增强剖视的层次感。② 识别相邻零件的形状结构及其装配关系。③ 区分材料的类别；当不需要在剖面区域中表示材料类别时，剖面区域可采用通用剖面线——间隔相等的平行细实线表示。

画剖面符号时，应注意以下几点：

（1）剖面符号为与水平方向成 45°（向左、右倾斜均可）且间隔相等的细实线。

（2）同一机件的各个剖面区域的剖面线应方向一致。

（3）当图形的主要轮廓线与水平线成 45°或接近 45°时，则该图形的剖面线应改画成与水平方向成 30°或 60°的平行线，其倾斜方向应与其他图形的剖面线一致，如图 4-8 所示。

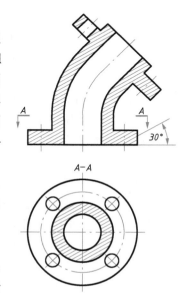

图 4-8　剖面线的方向

当需要在剖面区域中表示材料类别时,应采用特定的剖面符号表示。国家标准规定了各种材料类别的剖面符号,见表 4－2。

表 4－2　剖面符号(摘自 GB/T 4457.5—2013)

材　料　类　别		剖面符号	材　料　类　别	剖面符号
金属材料 (已有规定剖面符号者除外)			转子、电枢、 变压器等的叠钢片	
非金属材料 (已有规定剖面符号者除外)			木制胶合板(不分层数)	
型砂、粉末冶金、陶瓷、 硬质合金刀片等			玻璃及其他透明材料	
线圈绕组元件			格网(筛网、过滤网等)	
木　材	纵剖面		液　体	
	横剖面			

3. 剖视图的标注

为了看图时了解剖切位置和剖视图的投影方向,有时要对剖视图进行标注。根据国家标准的规定,剖视图标注有以下三个要素:

(1) 剖切线。即指示剖切面位置的线,用细点画线表示,一般可省略不画。

(2) 剖切符号。即指示剖切面起止和转折位置(用粗实线表示)及投射方向(用箭头表示)的符号。

(3) 字母。即注写在剖视图上方,用以表示剖视图名称的大写拉丁字母。在剖视图的上方用"×-×"标出剖视图的名称,"×"应与剖切符号上的字母相同。表示剖视图名称的字母应当水平注写。在同一张图上,同时有几个剖视图时,则其名称应按字母顺序,不得重复。

下列情况的剖视图可省略标注:

(1) 当单一剖切面通过机件的对称平面或基本对称的平面,剖视图按投影关系配置,中间没有其他图形隔开时,可不标注,如图 4－9 中的主视图。

(2) 当剖视图按基本视图或投影关系配置时,可省略箭头,如图 4－9 中的俯视图。

4. 剖视图的配置

剖视图的位置配置有以下两种方式:

(1) 按基本视图的规定位置配置,如图 4－10 中的 A-A;

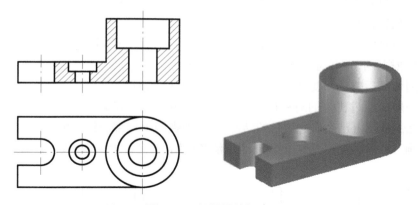

图 4 - 9 剖视图的标注

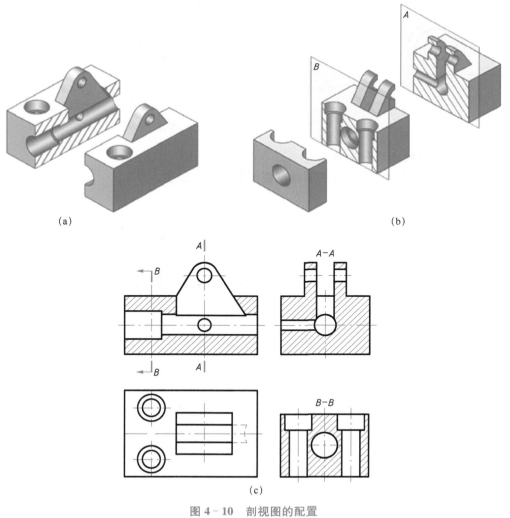

(a)

(b)

A-A

B-B

(c)

图 4 - 10 剖视图的配置

（2）必要时允许配置在其他适当位置上，如图 4-10 中的 $B-B$。

5. 画剖视图的注意事项

（1）剖切是假想的，形体并没有真地被切开和移去了一部分。因此，一个视图画成剖视图后，其他视图仍应按原先未剖切时完整地画出。

（2）剖切面后方的可见轮廓线要全部画出，不能漏画。

（3）一般应通过机件的对称面或轴线且平行或垂直于投影面进行剖切。

（4）在剖视图上已经表达清楚的结构，在其他视图上此部分结构的投影为虚线时，其虚线省略不画，如图 4-11a 所示；但没有表示清楚的结构，允许画少量虚线，如图 4-11b 所示。

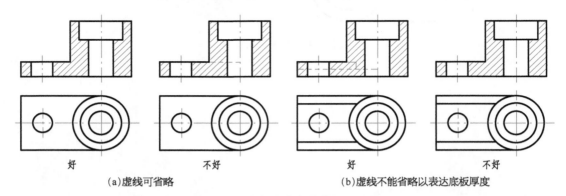

好　　　　　不好　　　　　好　　　　　不好

(a)虚线可省略　　　　　　　　(b)虚线不能省略以表达底板厚度

图 4-11　剖视图中虚线的处理画法

6. 画剖视图的方法和步骤

以图 4-12 所示机件为例，说明画剖视图的方法和步骤。

二、剖视图的种类

按剖切范围的不同，可将剖视图分为全剖视图、半剖视图和局部剖视图三种。

1. 全剖视图

用剖切面将物体完全剖开后所得的剖视图称为全剖视图，其适用于表达外形比较简

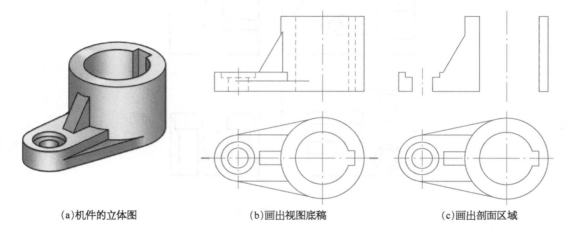

(a)机件的立体图　　　　　　(b)画出视图底稿　　　　　　(c)画出剖面区域

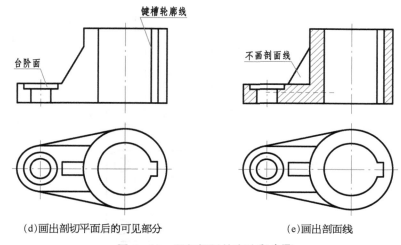

(d)画出剖切平面后的可见部分　　　　　(e)画出剖面线

图4-12　画剖视图的方法和步骤

单,而内部结构较复杂且不对称的机件,如图4-7~图4-10和图4-13中的主视图。

同一机件可以假想进行多次剖切,画出多个剖视图,如图4-10所示。

注意:同一机件各剖视图的剖面线方向和间隔应一致,如图4-9、图4-10所示。

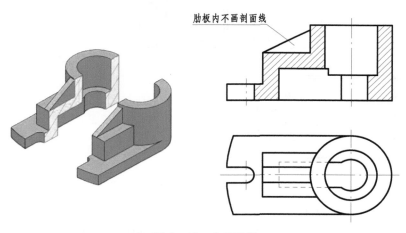

图4-13　全剖视图

2. 半剖视图

当机件具有对称平面时,在垂直于对称平面的投影面上投射所得的图形,可以对称中心线为界,一半画成剖视,一半画成视图,这种剖视图称为半剖视图。如图4-14所示,机件左右及前后都对称,所以它的主视图、俯视图和左视图可分别画成半剖视图。

半剖视图主要用于内外形状都需要表示的对称机件。半剖视图既充分地表达了机件的内部结构,又保留了机件的外部形状,因此它具有内外兼顾的特点,如图4-14所示。

有时机件的形状接近于对称,且不对称部分已另有图形表达清楚时,也可以采用半剖视图,如图4-15所示。

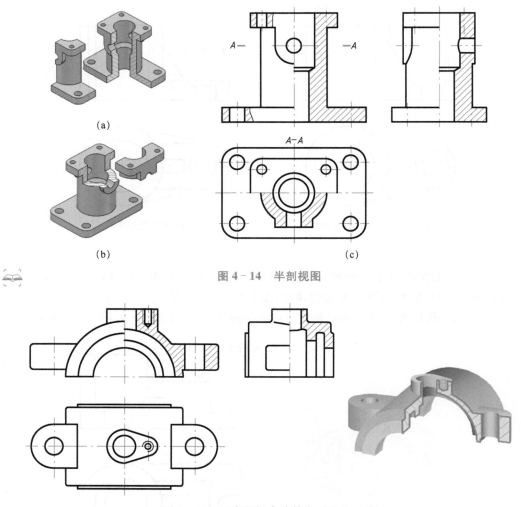

图 4 - 14　半剖视图

图 4 - 15　用半剖视表达基本对称的机件

　　画半剖视图时,应注意以下几点:

　　(1) 半个视图和半个剖视图的分界线必须是细点画线,而不是粗实线或细实线。

　　(2) 机件的内部结构形状已在半个剖视图中表达清楚,故在表达外形的半个视图中应省略虚线。但对于孔或槽等,应画出中心线位置。

　　(3) 半剖视图的标注方法和全剖视图相同。

　　3. 局部剖视图

　　用剖切面局部地剖切机件所得的剖视图称为局部剖视图,如图 4 - 16 所示。

　　局部剖视不受机件是否对称的限制,剖切平面的位置与范围可根据需要决定,是一种比较灵活的表达方法。剖开部分和原视图之间用波浪线分界,波浪线表示机件断裂处的边界线的投影,因此波浪线不能在穿通的孔和槽中连起来,不能超出视图的轮廓线或和图样上其他图线相重合。

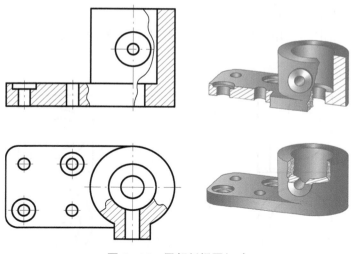

图 4‐16　局部剖视图(一)

1) 局部剖视适用情况

(1) 物体上只有局部的内部结构形状需要表达,而不必画成全剖视图,可用局部剖视图,如图 4‐17a 所示。

(2) 当物体具有对称面,其图形的对称中心线正好与轮廓线重合而不宜采用半剖视图表达,也可采用局部剖视图,如图 4‐17b 所示。

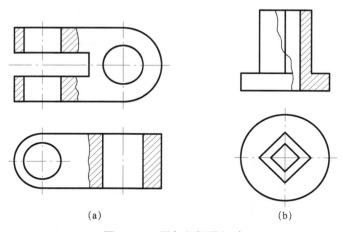

　　　　　(a)　　　　　　　　　　　　(b)

图 4‐17　局部剖视图(二)

2) 画局部剖视图的注意事项

(1) 波浪线只能画在物体表面的实体部分,不得穿越孔或槽(应断开),也不能超出视图之外,如图 4‐18 所示。

(2) 波浪线不应与其他图线重合或画在它们的延长线位置上,如图 4‐19 所示。

(3) 当用单一剖切平面剖切,且剖切位置明显时,局部剖视图的标注可省略(图 4‐16、图 4‐17)。当剖切平面的位置不明显或剖视图不在基本视图位置时,应标注剖切符号、投射方向和局部剖视图的名称。

（4）在一个视图中，采用局部剖视图的部位不宜过多，否则会显得零乱以致影响图形清晰。

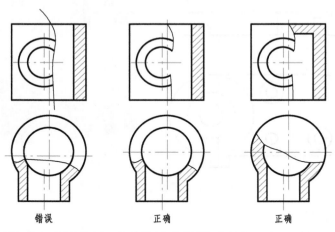

| 错误 | 正确 | 正确 |

图 4－18　局部剖视图中波浪线画法（一）

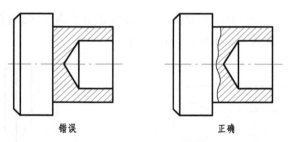

| 错误 | 正确 |

图 4－19　局部剖视图中波浪线画法（二）

三、剖切面的选用

剖切被表达物体的假想平面或曲面，称为剖切面。

由于机件结构形状差异很大，须根据机件的结构特点，选用不同数量、位置和形状的剖切面，从而使其结构形状得到充分的表示。《技术制图　图样画法　剖视图和断面图》（GB/T 17452—1998)将剖切面的分类体系分为三类：单一剖切面、几个平行的剖切平面和几个相交的剖切面（交线垂直于某一投影面）。

1. 单一剖切面

用一个剖切面剖开机件的方法称为单一剖切面剖切。单一剖切面包括以下三种情况。

1）单一剖切平面

指用一个平行于某基本投影面的平面作为剖切平面，应用较多，如前所述的全剖视图、半剖视图、局部剖视图都是采用这种剖切平面剖切的：

如图 4 - 7、图 4 - 8、图 4 - 12、图 4 - 13 所示为采用单一剖切平面获得的全剖视图；

如图 4 - 14、图 4 - 15 所示为采用单一剖切平面获得的半剖视图；

如图 4 - 16、图 4 - 17 所示为采用单一剖切平面获得的局部剖视图。

2）单一斜剖切平面

用一个不平行于任何基本投影面的剖切平面剖开物体，这种剖切方法称为斜剖。

斜剖视图标注不能省略，最好配置在箭头所指方向（图 4 - 20a），也允许放在其他位置，或可旋转配置，但必须标出旋转符号（图 4 - 20b）。

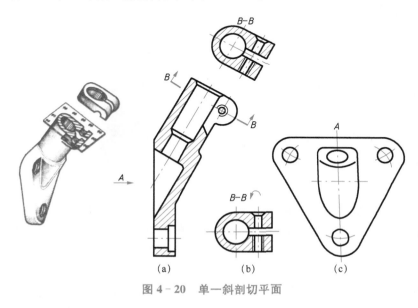

图 4 - 20　单一斜剖切平面

3）单一剖切柱面

为了准确表达处于圆周分布的某些结构，有时也采用柱面剖切表示。画这种剖视图时，通常采用展开画法，并仅画出剖面展开图，剖切平面后面的结构省略不画，如图 4 - 21 所示"B - B 展开"。

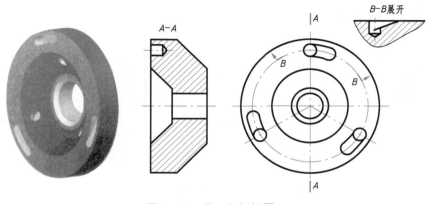

图 4 - 21　单一剖切柱面

2. 几个平行的剖切平面

如果零件内部的结构较多,且孔轴线、槽分布在相互平行的平面上,可假想用几个相互平行的剖切面剖切机件。图 4-22 所示是机件采用三个相互平行的剖切平面剖切而获得的剖视图。这种剖视图由于剖切面彼此平行,形似台阶,故俗称阶梯剖。

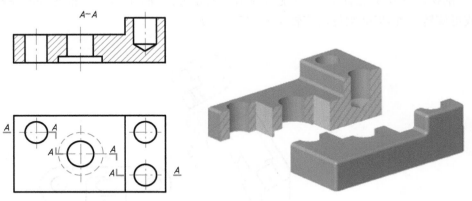

图 4-22 几个平行的剖切平面(阶梯剖)

对于采用几个平行剖切平面所画的剖视图,在标注时,应该在每一个剖切平面的起止和转折处标出剖切符号和相同的字母,并用箭头在起始和终止的剖切符号端部指明投射的方向(若剖视图按基本视图位置配置,箭头可以省略)。

采用几个平行剖切平面画剖视图时,应注意以下几点:

(1)在剖视图上不要画出两个剖切面分界处的投影,如图 4-23a 所示;

(2)两剖切平面的转折处不应与图上的轮廓线重合,如图 4-23b 所示;

(3)在剖视图内不能出现不完整要素,如图 4-23c 所示。

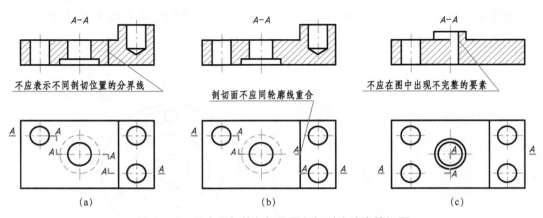

图 4-23 几个平行的剖切平面剖切时应注意的问题

3. 几个相交的剖切面(交线垂直于某一投影面)

几个相交的剖切面必须保证其交线垂直于某一投影面(通常是基本投影面)。这种剖切平面适用于有较明显旋转轴的机件。剖切面可以是平面,也可以是柱面。图 4‒24、图 4‒25 所示为两个相交的剖切平面。这种用两个相交的剖切平面剖开机件的方法简称旋转剖。在画旋转剖视图时,必须标出剖切位置,在它的起止和转折处,用相同字母标出,并指明投射方向。

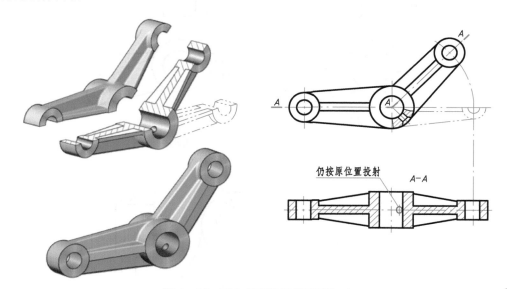

图 4‒24 两个相交的剖切平面(一)

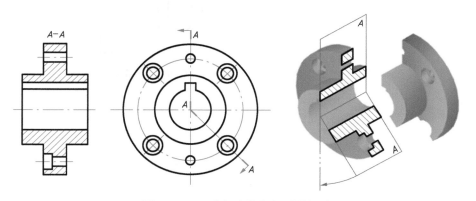

图 4‒25 两个相交的剖切平面(二)

采用几个相交的剖切平面画剖视图时,应注意以下几点:

(1) 剖开机件后,必须将剖切平面剖开的倾斜部分结构旋转到与某一基本投影面平行的位置后再进行投影,即应按"先剖切后旋转"的方法绘制剖视图。

(2) 剖切平面后的结构仍按原来的位置投影,如图 4‒24 所示。

(3) 当剖切后产生不完整要素时,应将此部分按不剖绘制,如图 4‒26 中部的臂板。

(4) 用三个以上两两相交的剖切平面剖开机件时,剖视图上方应注明"×‒×展开",如图 4‒27 所示。

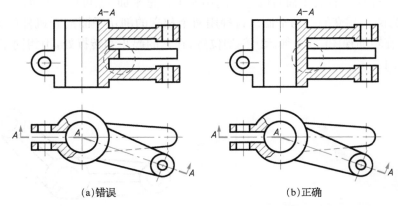

(a)错误　　　　　　　　　　　　　(b)正确

图 4-26　旋转后产生不完整要素的规定画法

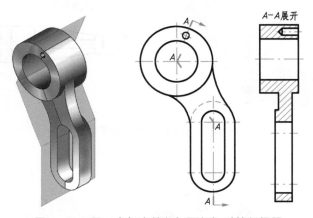

图 4-27　用三个相交的剖切面剖切时的剖视图

任务三　机件断面形状的表达

 学习目标

1. 说出断面图的概念,列举断面图的适用场合。
2. 能绘制移出断面图和重合断面图,并能正确标注。
3. 能够根据给定的表达方案,识读零件的断面结构形状。

在机械工程中还常常需要表达零件某处的断面形状。如图 4-28 所示轴,用主视图表达主体结构后,轴上结构只有小孔和键槽的深度还没表达清楚,虽然可以用视图、剖视图来表达,但不简便、不清晰,国家标准《机械制图》规定了断面图表达法。

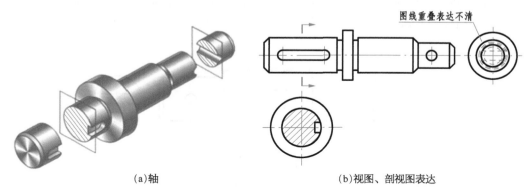

(a)轴   (b)视图、剖视图表达

图 4‐28 轴及其视图、剖视图表达

一、断面图的概念及种类

1. 断面图的概念

假想用剖切面将物体的某处切断,仅画出该剖切面与物体接触部分的图形,称为断面图,简称断面,如图 4‐29 所示。断面图主要用于配合视图、剖视图,表达物体某一局部的断面形状,如物体上的键槽、肋、孔、轮辐等。

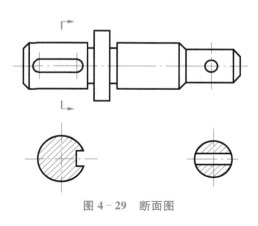

2. 断面图的种类

根据在绘制断面图时所配置的位置不同,断面图可分为移出断面和重合断面两种。画在视图轮廓外的断面图称为移出断面图,画在视图轮廓内的断面图称为重合断面图,如图 4‐30所示。

图 4‐29 断面图

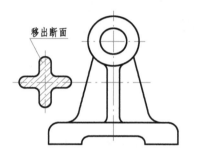

图 4‐30 断面图的种类

二、断面图的画法及标注

1. 移出断面图

移出断面图的轮廓线用粗实线绘制。为了便于看图,移出断面图尽可能配置在剖切线的延长线上,也可画在其他适当的位置,如图4-31所示。

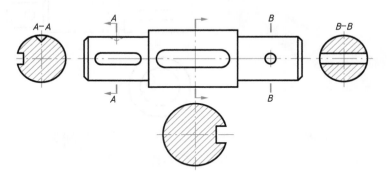

图4-31 移出断面图

画移出断面图时应注意以下几点:

(1)剖切平面通过由回转面形成的孔或凹坑的轴线时应按剖视画,如图4-31中的断面A-A、B-B;

(2)当剖切平面通过非圆孔、会导致完全分离的两个断面时,这些结构也应按剖视画,如图4-32;

(3)用两个或多个相交的剖切平面剖切得出的移出断面,中间一般应断开,如图4-33。

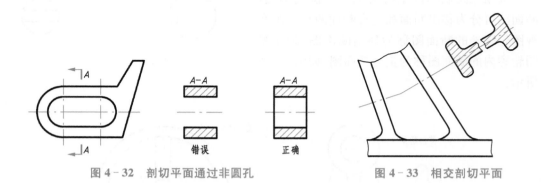

图4-32 剖切平面通过非圆孔   图4-33 相交剖切平面

移出断面图的标注方法见表4-3。

2. 重合断面图

重合断面图的轮廓线用细实线绘制。当视图中的轮廓线与重合断面图的图形重叠时,视图中的轮廓线仍须完整地画出,不能间断,如图4-34所示。

表 4 - 3 移出断面图的标注方法

移出断面图的位置	移出断面图形状对称	移出断面图形状不对称
在剖切位置延长线上	省略标注（剖切符号、箭头、字母）	省略字母
按投影关系配置	省略箭头	省略箭头
在其他位置	省略箭头	不能省略，标注剖切符号、箭头、字母

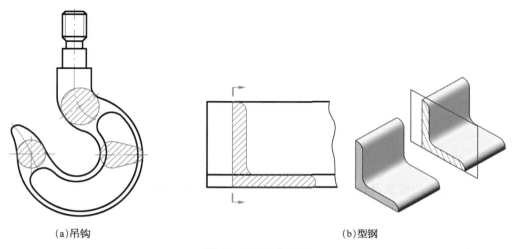

(a)吊钩　　　　　　　　　　　　(b)型钢

图 4 - 34 重合断面

对称的重合断面图,可省略全部标注,如图4-34a。不对称的重合断面图,须画出剖切面位置符号和箭头,可省略字母,如图4-34b。

任务四　机件局部细小结构的表达

学习目标

1. 列举局部放大图的适用场合,说出局部放大图表达方法。
2. 能正确识读局部放大图。

机械零件上有些细小结构,在视图中难以清晰地表达,同时也不便于标注尺寸,对这种细小结构,国家标准《机械制图》规定了局部放大图表达法。

一、局部放大图的概念

将机件的部分结构,用大于原图形所采用的比例画出图形,并配置在图纸适当位置,用这种方法画出的图形称为局部放大图,如图4-35所示。

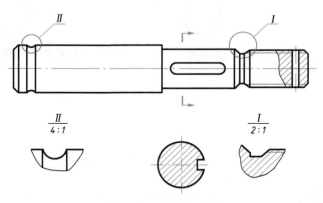

图4-35　局部放大图

二、局部放大图的画法及标注

局部放大图的画法及标注如图4-35所示,并应注意以下几点:

(1)局部放大图可以画成视图、剖视图或断面图,其与被放大部分所采用的表达方式无关。

(2)绘制局部放大图时,应在视图上用细实线圈出放大部位,并将局部放大图配置在被放大部位的附近。

（3）当同一机件上有几个放大部位时，须用罗马数字顺序注明，并在局部放大图上方标出相应的罗马数字及所采用的比例。

（4）当机件上被放大的部位仅有一处时，在局部放大图的上方只须注明所采用的比例；局部放大图中标注的比例为图中图形与实物相应要素的线性尺寸之比，而与原图所采用的比例无关。

任务五　其他常用简化画法

学习目标

1. 说出国家标准规定的简化画法、规定画法。
2. 能识读图样中的简化画法和规定画法，并应用其表达机件。

国家标准《机械制图》规定了一些简化画法，其目的是减少绘图工作量，提高设计效率及图样的清晰度，满足手工制图和计算机制图的要求，适应国际贸易和技术交流的需要。

简化画法有规定画法、省略画法、示意画法等几种。

一、规定画法

（1）对于机件上的肋、轮辐和薄壁等结构，当剖切面沿纵向（通过轮辐、肋等的轴线或对称平面）剖切时，规定在这些结构的截断面上不画剖面符号，但必须用粗实线将其与邻接部分分开，如图 4－36 左视图中的肋和图 4－37 主视图中的轮辐。但当剖切平面沿横向（垂直于结构轴线或对称面）剖切时，仍须画出剖面符号，如图 4－36 中的俯视图。

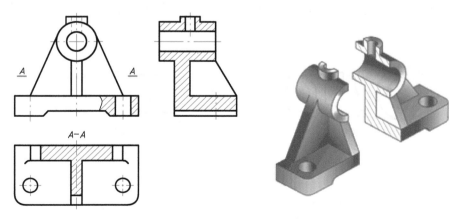

图 4－36　肋板剖切的画法

（2）当回转体机件上均匀分布的肋、轮辐、孔等结构不处于剖切平面时，可将这些结构假想旋转到剖切平面上画出，如图4-37、图4-38所示。

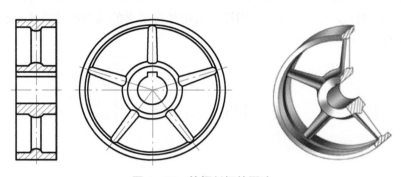

图4-37　轮辐剖切的画法

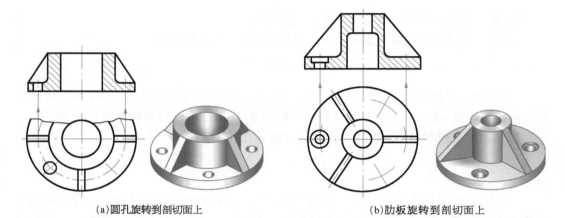

（a)圆孔旋转到剖切面上　　　　　　　　　　（b)肋板旋转到剖切面上

图4-38　均布孔和肋的简化画法

（3）断开缩短画法：对于较长的机件（如轴、杆或型材等），当沿长度方向的形状一致或按一定规律变化时，可将其断开缩短绘出，但尺寸仍要按机件的实际长度标注，如图4-39所示。

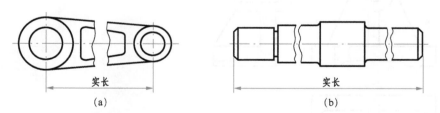

（a)　　　　　　　　　　　　　　　　（b)

图4-39　断开缩短画法

（4）在不致引起误解时，对称机件的视图可以只画一半或四分之一，并在中心线的两端画出两条与该中心线垂直的平行细实线，如图4-40所示。

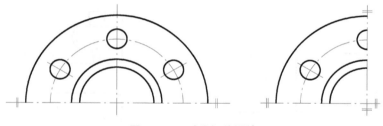

图 4‑40　对称机件画法

二、省略画法

（1）当机件上具有若干形状相同结构（齿、槽、孔等），并按一定的规律分布时，只须画出几个完整的结构，其余只须用细实线连接或画出中心线位置，但在图上应注明结构的总数，如图 4‑41、图 4‑42 所示。

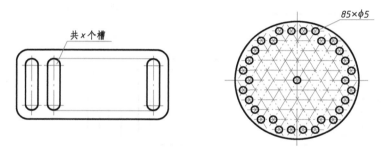

图 4‑41　若干形状相同且有规律分布孔的简化画法

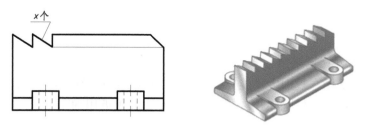

图 4‑42　分布的齿、槽等结构的简化画法

（2）对于机件上较小结构，若已有其他图形表达清楚，且不影响读图时，可不按投影而简化画出或省略，如图 4‑43a 所示的斜度不大时可按小端画出；图 4‑43b 所示为较小结构相贯线的简化画法；图 4‑44 所示为与投影面倾斜角度小于或等于 30°斜面上的圆或圆弧，其投影可用圆或圆弧代替等。

对圆柱上的孔、键槽等较小结构产生的表面交线也允许简化成直线，如图 4‑45 所示。

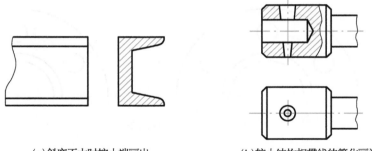

(a)斜度不大时按小端画出　　　　　(b)较小结构相贯线的简化画法

图 4‑43　机件上较小结构的简化表示

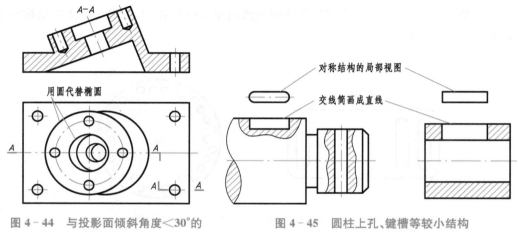

图 4‑44　与投影面倾斜角度＜30°的
圆或圆弧

图 4‑45　圆柱上孔、键槽等较小结构
表面交线的画法

三、示意画法

1. 平面和滚花的画法

当机件上的平面在视图中不能充分表达时,可采用平面符号(两条相交的细实线)表示,如图 4‑46 所示。机件上的滚花部分,可在轮廓线附近用细实线示意画出,如图 4‑47 所示。

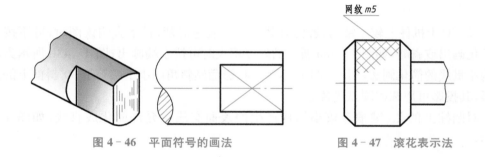

图 4‑46　平面符号的画法　　　　　图 4‑47　滚花表示法

2. 相贯线的简化画法

在不引起误解时,图形中的过渡线、相贯线可以简化。例如用圆弧或直线代替非圆曲线,如图 4 - 48a 所示;有时可采用模糊画法表示相贯线,如图 4 - 48b 所示。

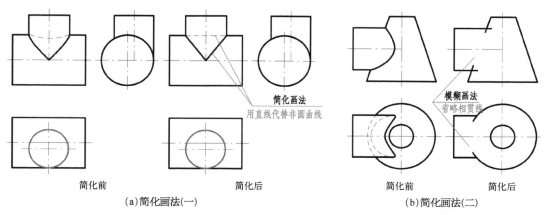

简化前　　　　　　简化后　　　　　　　　　简化前　　　　　　简化后

(a)简化画法(一)　　　　　　　　　　　　(b)简化画法(二)

图 4 - 48　相贯线的简化画法

任务六　　典型零件的表达

学习目标

1. 辨认轴套类、盘盖类、叉架类和箱体类零件的结构特征。
2. 能识读轴套类、盘盖类、叉架类和箱体类零件的视图表达。

工程上按零件结构的特点和用途,可将其大致分为轴套类、盘盖类、叉架类和箱体类四类典型零件。它们在视图表达方面有共性,但也有不同特点。

一、轴套类零件

1. 结构特点

轴套是机器中常见的一种零件,一般是用来支撑传动零件和传递动力的。轴套一般装在轴上,起轴向定位、传动或连接等作用。

轴套类零件的主体多数是由若干直径不同的圆柱、圆锥组成,构成阶梯状,轴向尺寸远大于其径向尺寸。在轴上常有键槽、销孔、退刀槽、越程槽和中心孔等,如图 4 - 49所示。

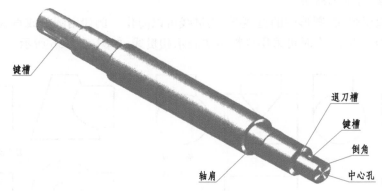

图 4-49　典型轴套类零件

2. 表达方法

轴套类零件一般在车床或磨床上加工,为加工时看图方便,通常选择加工位置(轴线水平放置)作为画主视图的方向。

轴套类零件一般只画一个基本视图,对键槽、销孔、退刀槽、越程槽等,可以用移出断面图、局部视图和局部放大图等加以补充,如图 4-50 所示。

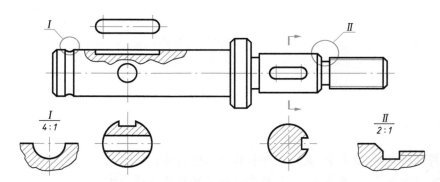

图 4-50　轴类零件的表达

二、盘盖类零件

1. 结构特点

盘盖类零件一般包括法兰盘、端盖、盘座等。其基本形状是扁平的盘状,主体部分多为回转体,径向尺寸远大于其轴向尺寸,如图 4-51 所示的端盖零件。为了与其他零件连接,盘类零件上常有螺孔、光孔、销孔及凹凸台等结构。

2. 表达方法

盘盖类零件主要由不同直径的同心圆柱面(也有方形)组成,周边常分布一些孔、槽等,如各种齿轮、带轮、手轮以及图 4-52 中的端盖等都属该类零件。

在端盖类零件图中,通常采用轴线水平放置,能较好地反映盘盖的形状特征,主视图通常采用全剖视图,用右(左)视图表达孔、槽的分布情况,如图 4-52 所示。

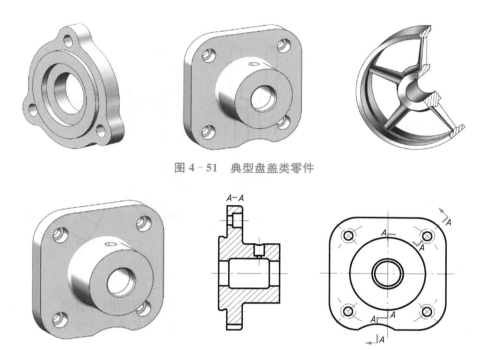

图 4 - 51 典型盘盖类零件

图 4 - 52 盘盖类零件的表达

三、叉架类零件

1. 结构特点

叉架类零件包括各种用途的拨叉和支架。拨叉主要用在各种机器的操纵机构上,支架主要起支撑和连接的作用,如图 4 - 53 所示。

图 4 - 53 典型叉架类零件

叉架类零件一般都是铸件、锻件毛坯或经 3D 打印制成,形状较为复杂须经不同的机械加工,而加工位置难以分出主次。所以在选主视图时,主要按形状特征和工作位置(或放正位置)确定,如图 4 - 54 所示。

2. 表达方法

叉架类零件的结构形状较为复杂,一般都需要两个以上的视图。由于它的某些结构

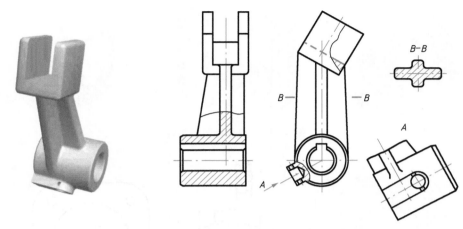

图 4-54 叉架类零件的表达

形状不平行于基本投影面,所以常常采用斜视图、斜剖视图和断面图来表示。对零件上的一些内部结构形状可采用局部剖视图;对某些较小的结构,也可采用局部放大图。

四、箱体类零件

1. 结构特点

箱体类零件一般起支撑、容纳、定位和密封等作用,其多为中空的壳体,具有内腔和壁,此外还常具有轴孔、轴承孔、凸台和肋板等结构,如图 4-55 所示。

图 4-55 典型箱体类零件

箱体类零件一般是部件的主体零件,许多零件都要装在其内部或外部,因此其结构都较复杂,多为铸件或 3D 打印件。

2. 表达方法

箱体类零件的主视图主要按形状特征和工作位置确定,其加工位置多变,选择主视图时,主要考虑形状特征或工作位置。简单的箱体类零件可能要两三个视图;复杂的箱体常须用三个以上的基本视图,并配合其他各种表达方法才能表达清楚,如图 4-56 所示。

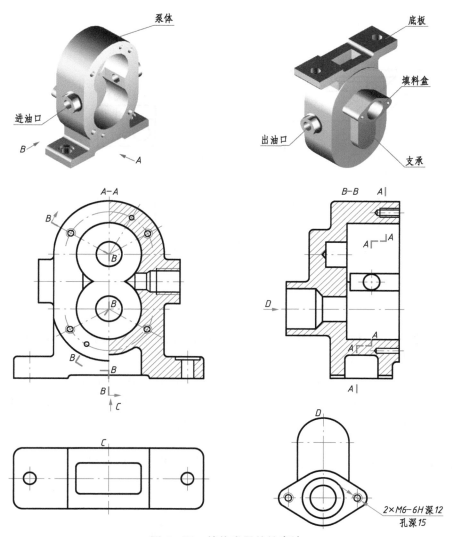

图 4-56 箱体类零件的表达

任务七 　第三角画法简介

《技术制图　图样画法　视图》（GB/T 17451—1998）中规定："技术图样应采用正投影法绘制，并优先采用第一角画法。"在工程制图领域，世界上多数国家如中国、英国、德国、法国、俄罗斯都采用第一角画法，而美国、日本、加拿大、澳大利亚等国家则采用第三角画法。

如图 4-57 所示，将机件置于第三分角内，并使投影面处于观察者与物体之间而得到

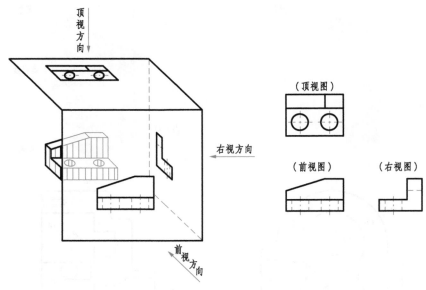

图 4-57 第三角画法

的多面投影称为第三角画法。在第三角画法中,观察者、物体、投影面三者之间的位置关系是"观察者-投影面-物体"。

采用第三角画法时,从前面观察物体在 V 面上得到的视图称为前视图;从上面观察物体在 H 面上得到的视图称为顶视图;从右面观察物体在 W 面上得到的视图称为右视图。各投影面的展开方法是:V 面不动,H 面向上旋转 $90°$,W 面向右旋转 $90°$,使三投影面处于同一平面内,如图 4-57 所示。

第三角画法也采用正投影法,所以仍然遵守正投影的投影规律,即"长对正、高平齐、宽相等",如图 4-58 所示。

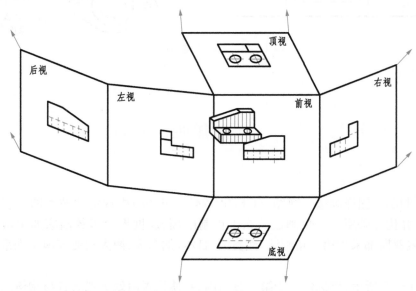

图 4-58 第三角画法的视图配置

采用第三角画法时,也可以将物体放在正六面体中,分别从物体的六个方向向各投影面进行投影,得到六个基本视图,即在三视图的基础上增加了后视图(从后往前看)、左视图(从左往右看)和底视图(从下往上看)。

第一角画法是将物体放在观察者与投影面之间进行的投影,并且保持"观察者-物体-投影面"的相对关系;物体向投影面投影时的投影线,与观察者的视线方向相同。第三角画法是将投影面放在观察者与物体之间进行投影,此时保持"观察者-投影面-物体"的相对关系,物体向投影面投影时的投影线,与观察者的视线方向相反,并且还假定投影面为透明的平面。所以,由两种投影法所做的同一物体的投影图位置关系不同,如图 4-59所示。

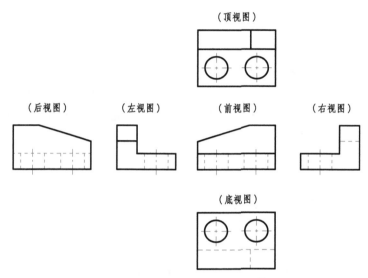

图 4-59 展开后六个第三角视图的配置

国际标准化组织认定第一角画法为首选表示法,必要时(如按合同规定等)才允许使用第三角画法,并且在标题栏附近必须画出所采用画法的识别符号。两种画法的识别符号分别如图 4-60a、b 所示。

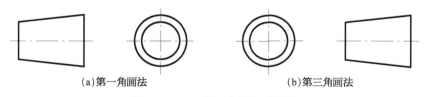

(a)第一角画法　　　　　　　　　　(b)第三角画法

图 4-60 两种画法的识别标记

单元五 标准件与常用件的表达

在机械设备中,螺栓、螺钉、螺母、销、垫圈、滚动轴承等零件被广泛使用(图5-1),由于这些零件应用广、用量大,国家标准对这些零件的结构、规格尺寸和技术要求做了统一规定,实行了标准化,所以将其统称为标准件。此外,齿轮、弹簧等常用机件的部分结构也实行了标准化,称为常用件。

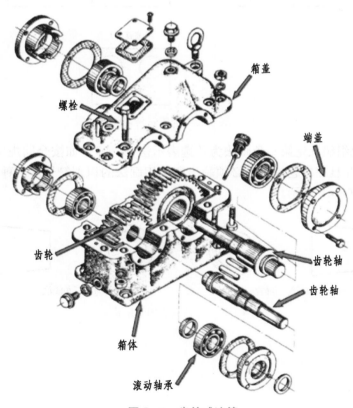

箱盖

螺栓

端盖

齿轮

齿轮轴

齿轮轴

箱体

滚动轴承

图5-1 齿轮减速箱

任务一　螺纹紧固件的表达

　学习目标

1. 知道螺纹的规定画法和标注；能识别螺纹紧固件连接图。
2. 识读、标记螺纹连接件，能绘制螺纹连接件。
3. 会查阅机械零件手册中有关螺纹紧固件的标准数据。

　　机器设备上常见的螺纹连接方式有螺栓连接、螺柱连接和螺钉连接。螺纹紧固件包括螺栓、螺柱、螺钉、螺母、垫圈等，这些零件都是标准件。国家标准对它们的画法、结构、形式和尺寸大小都做了规定，并制定了不同的标记方法。因此可以根据标准件的代号或标记，从有关标准中查出它们的结构、形式及全部尺寸。通常机械零件手册中都有相应内容。

一、螺纹的基本知识

1. 螺纹的形成

　　螺纹是在圆柱体或圆锥体表面上，沿着螺旋线方向形成的特定牙型的连续凸起和沟槽。在外表面上形成的螺纹称为外螺纹，如图 5-2a 所示；在内表面上形成的螺纹称为内螺纹，如图 5-2b 所示。螺纹在机器上起连接和传动作用，需内、外螺纹旋合成对使用。

　　工业上有多种加工螺纹的方法。图 5-2a 所示为在车床上车削外螺纹，图 5-2b 表示在车床上加工内螺纹。直径小于 24 mm 的小螺纹常先钻底孔，后用丝锥攻制内螺纹，如图 5-2d 所示，由于钻头顶角为 118°，所以钻孔的底部按 120°简化画出。

2. 螺纹的要素

　　内、外螺纹总是成对使用的，只有当内、外螺纹的牙型、公称直径、螺距、线数和旋向五个要素完全一致时，才能正常旋合。

1）牙型

　　通过螺纹轴线断面上，螺纹的轮廓形状称为螺纹牙型。常见的螺纹牙型有三角形、梯形、锯齿形和矩形，如图 5-3 所示。图 5-3a 为普通螺纹，牙型角为 60°，用于连接零件；图 5-3b 为梯形螺纹，牙型为等腰梯形，用于传递动力；图 5-3c 为锯齿形螺纹，牙型为不等腰梯形，用于单方向传递动力；图 5-3d 为管螺纹，牙型角为 55°，常用于连接管道。

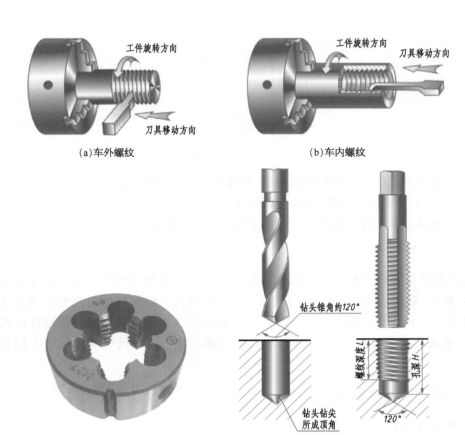

(a)车外螺纹　　　　　　　　(b)车内螺纹

(c)加工直径较小的外螺纹　　　(d)加工直径较小的内螺纹

图 5-2　螺纹的加工方法

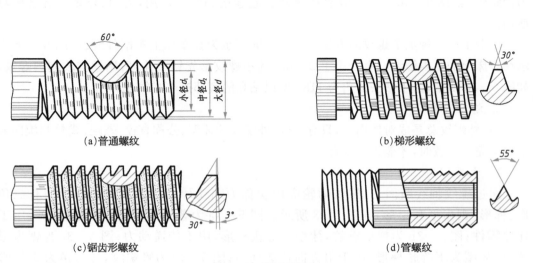

(a)普通螺纹　　　　　　　　(b)梯形螺纹

(c)锯齿形螺纹　　　　　　　(d)管螺纹

图 5-3　螺纹的牙型

2）螺纹的直径

螺纹的直径有大径、小径和中径，如图 5-4 所示。

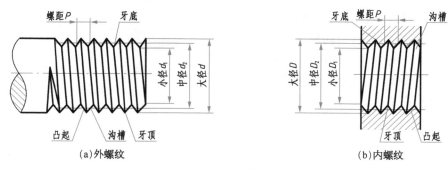

（a）外螺纹　　　　　　　　　　（b）内螺纹

图 5-4　螺纹的直径

（1）大径。即与外螺纹牙顶或内螺纹牙底相切的假想圆柱面的直径，也称公称直径，螺纹的标注通常只标注大径。内、外螺纹的大径分别用符号 D、d 表示。

（2）小径。即与外螺纹牙底或内螺纹牙顶相切的假想圆柱面的直径。内、外螺纹的小径分别用 D_1、d_1 表示。

（3）中径。即一个假想圆柱的直径，该圆柱的母线通过牙型上沟槽和凸起宽度相等的地方。中径是控制螺纹精度的主要参数之一。内、外螺纹的中径分别用 D_2、d_2 表示。

3）线数

螺纹的线数（俗称头数）有单线和多线之分。

单线螺纹是沿一条螺旋线所形成的螺纹，如图 5-5a 所示的单线螺纹；多线螺纹是沿两条或两条以上，且在轴向等距分布的螺旋线所形成的螺纹，如图 5-5b 所示的双线螺纹。

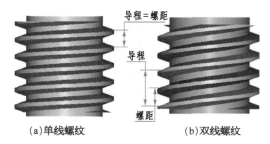

（a）单线螺纹　　　　　　（b）双线螺纹

图 5-5　螺纹的线数、螺距和导程

4）螺距 P 和导程

相邻两牙在中径线上对应两点间的轴向距离称为螺距 P。同一条螺旋线上的相邻两牙在中径线上对应两点间的轴向距离称为导程 P_h，如图 5-5 所示。螺距与导程关系如下：

单线螺纹导程等于螺距，即 $P_h = P$；

多线螺纹导程等于线数乘以螺距，即 $P_h = nP$。

5）旋向

螺纹有左旋和右旋之分，如图 5-6 所示。顺时针旋转时沿轴向旋入的螺纹为右旋螺纹，表现为左低右高的特征；逆时针旋转时沿轴向旋入的螺纹为左旋螺纹，表现为左高右低的特征。常用右旋螺纹。

图 5-6　螺纹的旋向和判断

二、螺纹的规定画法

螺纹一般不按真实投影作图，而是按照国家标准规定的简化画法。

1. 外螺纹的画法

如图 5-7 所示，螺纹的牙顶（大径）和螺纹终止线用粗实线表示，牙底（小径）用细实线表示，并画进倒角内。通常，小径按大径的 0.85 倍画出。在投影为圆的视图中，表示牙底的细实线圆画约 3/4 圈（空出约 1/4 圈的位置不做规定），螺杆的倒角圆省略不画。

在剖视图中，剖面线画到大径线（粗实线），剖切部分终止线画到小径处。

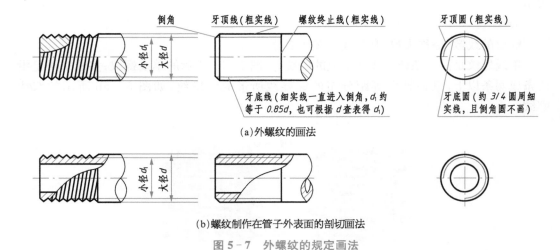

（a）外螺纹的画法

（b）螺纹制作在管子外表面的剖切画法

图 5-7　外螺纹的规定画法

2. 内螺纹的画法

内螺纹（螺孔）一般画成剖视图，在剖视图中内螺纹的牙底（大径）用细实线表示，牙顶（小径）和螺纹终止线用粗实线表示，剖面线画到粗实线处。在投影为圆的视图中，表示牙底的细实线画约 3/4 圈，倒角圆省略不画，如图 5-8a 所示。

对于不穿通的螺孔（俗称盲孔），应分别画出钻孔深度和螺孔深度，孔底部锥角画成 120°，如图 5-8b 所示。

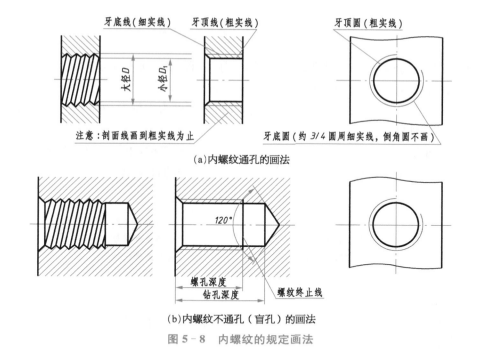

（a）内螺纹通孔的画法

（b）内螺纹不通孔（盲孔）的画法

图5-8　内螺纹的规定画法

3. 内、外螺纹连接的画法

如图5-9所示，内、外螺纹旋合时，一般采用剖视图。用剖视图表示内、外螺纹的连接时，其旋合部分按外螺纹的画法表示，其余部分仍按各自的画法表示，如图5-9a所示。在端面视图中，若剖切平面通过旋合部分时，按外螺纹绘制，如图5-9b所示。表示内、外螺纹大、小径的粗实线和细实线分别对齐，而与倒角的大小无关。

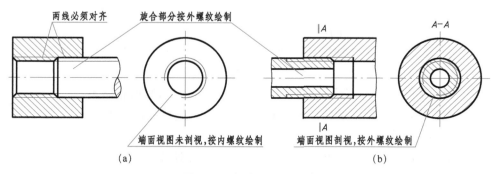

（a）　　　　　　　　　　　　　　　　　　（b）

图5-9　螺纹连接的画法

三、螺纹的标记与标注

螺纹的规定画法未能表达螺纹的种类和除直径外的其他要素，因此还需要用标注代号或标记的方式来说明。

1. 普通螺纹

普通螺纹在大径处按尺寸标注的形式进行标注，其内容与格式如下：

（1）特征代号(M)，分粗牙和细牙两种，粗牙不标螺距，细牙应标螺距。

（2）右旋螺纹不标注旋向，左旋螺纹标注"LH"。

（3）应按顺序标注中径、顶径公差带代号，大写字母为内螺纹，小写字母为外螺纹，当两公差带相同时只注一个。

（4）普通螺纹的旋合长度分为长(L)、中(N)、短(S)三种，中等旋合长度不标注。

下面以一左旋普通螺纹为例，说明其标记中各部分的含义及注写规定：

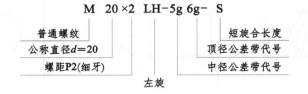

2. 传动螺纹

传动螺纹主要指梯形螺纹和锯齿形螺纹，它们也用尺寸标注形式，注在内、外螺纹的大径上，其标注的具体格式如下：

（1）梯形螺纹。标注方法与普通螺纹一样，如：Tr40×7(14/2)-7H-L，Tr40×14(P7)LH-8e-L。

其中"Tr"为梯形螺纹的特征代号，旋合长度只分 N、L 两组，N 可省略不注。

（2）锯齿形螺纹。标记及标注方法同梯形螺纹，只是特征代号为"B"。

3. 管螺纹

管螺纹的标记一律注在引出线上，引出线应由大径处或对称中心处引出，见表5-1。

1）管螺纹的标记格式

（1）非螺纹密封管螺纹代号。

（2）螺纹密封管螺纹代号。

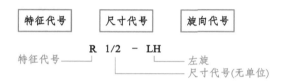

2）管螺纹的标记规则

（1）特征代号。55°非密封管螺纹代号为"G"；55°密封管螺纹代号：圆锥外螺纹为"R"、圆锥内螺纹为"Rc"、圆柱内螺纹为"Rp"。

（2）尺寸代号。管螺纹的尺寸代号不是指螺纹的大径，而是指管子的内径，并以英寸为单位。

（3）公差等级代号。对非螺纹密封的管螺纹，其外螺纹的中径公差等级分为 A、B 两种，A 为精密级，B 为普通级，其余管螺纹的公差等级只有一种，故不注此项。

（4）旋向代号。左旋螺纹为"LH"，右旋螺纹不标注。

常用螺纹的种类和标记示例见表 5-1。

表 5-1　常用螺纹的种类和标记示例

螺纹类别		特征代号	标注示例	说　明
连接和紧固用螺纹	粗牙普通螺纹	M	M16	公称直径 16 mm，中径公差带和大径公差带均为 6g（省略不标），中等旋合长度，右旋
	细牙普通螺纹		M20×2LH-5g6g-S	公称直径为 20、螺距为 2 的细牙普通左旋螺纹，外螺纹的中径和顶径的公差带代号分别为 5g，6g，旋合长度短
55°管螺纹	55°非密封管螺纹	G	G1/2B-LH	尺寸代号为 1/2、左旋、55°非密封 B 级圆柱外螺纹
			G1/2A-LH	尺寸代号为 1/2、左旋、A 级的两 55°非密封圆柱内、外螺纹旋合
	55°密封管螺纹 圆柱内螺纹	Rp	Rp1	尺寸代号为 1、右旋、55°密封圆柱内螺纹

（续表）

螺纹类别			特征代号	标注示例	说　明
55°管螺纹	55°密封管螺纹	圆锥外螺纹	R₁ R₂	R₁1/2 LH	尺寸代号为 1/2、左旋、与圆柱内螺纹相配合的 55°密封圆锥外螺纹
		圆锥内螺纹	Rc	Rc1/2	尺寸代号为 1/2、右旋、55°密封圆锥内螺纹
传动螺纹	梯形螺纹		Tr	Tr40×14(P7)LH-8e-L	公称直径为 40、导程为 14、螺距为 7 的双线右旋梯形外螺纹，中径公差带代号为 8e，长旋合长度

四、螺纹紧固件的规定画法

1. 常用螺纹紧固件及其标记

螺纹紧固件就是利用内、外螺纹的连接作用来连接和紧固一些零部件。螺纹紧固件是标准件，常见的螺纹紧固件有螺栓、螺柱、双头螺柱、螺钉、螺母、垫圈等，如图 5 - 10 所示。螺纹紧固件的尺寸、结构形状、材料、技术要求均已标准化，根据标准紧固件的规定标记，在相应的国家标准中能查出有关尺寸。

| 开槽圆柱头螺钉 | 圆柱头内六角螺钉 | 沉头十字槽螺钉 | 开槽紧定螺钉 | 六角头螺栓 |
| 双头螺柱 | 六角螺母 | 六角开槽螺母 | 平垫圈 | 弹簧垫圈 |

图 5 - 10　螺纹紧固件

表 5-2 中列出了常用螺纹紧固件及其标记示例。

表 5-2　常用螺纹紧固件及其标记示例

名称及标准号	图例及规格尺寸	标 记 示 例
六角头螺栓—A 级和 B 级 GB/T 5782 	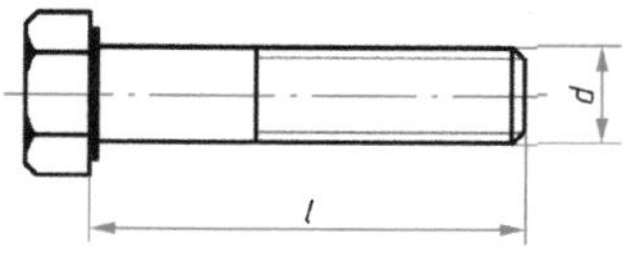	螺栓 GB/T 5782　M8×40 螺纹规格 d=M8,公称长度 l=40,A 级六角头螺栓
双头螺柱—A 级和 B 级 GB/T 897　GB/T 898 GB/T 899　GB/T 900 	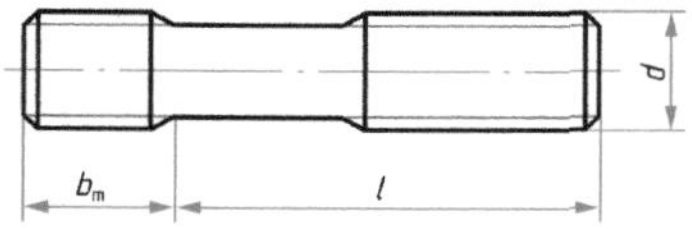	螺柱 GB/T 898　M8×50 两端均为粗牙普通螺纹,d= M8,公称长度 l=50,双头螺柱
Ⅰ型六角螺母—A 级和 B 级 GB/T 6170 	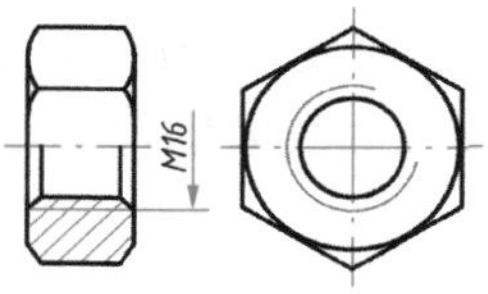	螺母 GB/T 6170　M16 螺纹规格 D=M16,A 级,Ⅰ 型六角螺母
平垫圈—A 级 GB/T 97.1 	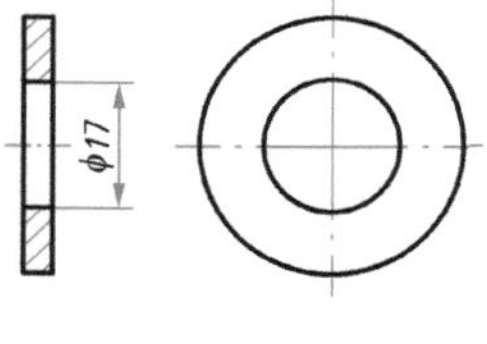	垫圈 GB/T 97.1　16 公称规格 16,平垫圈
标准弹簧垫圈 GB/T 93 	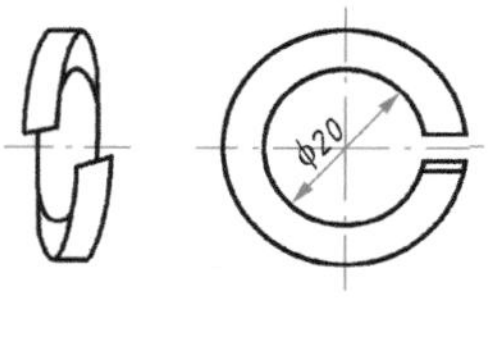	垫圈 GB/T 93　20 规格 20,标准型弹簧垫圈
开槽圆柱头螺钉 GB/T 65 	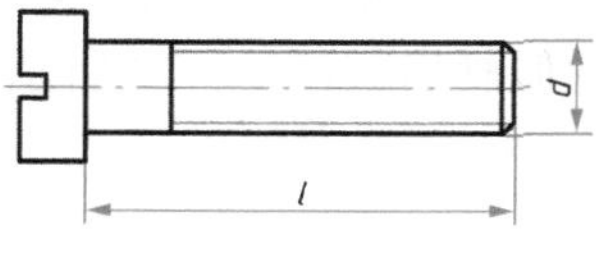	螺钉 GB/T 65　M10×50 螺纹规格 d=M10,公称长度 l=50 的开槽圆柱头螺钉

（续表）

名称及标准号	图例及规格尺寸	标 记 示 例
开槽沉头螺钉 GB/T 68		螺钉 GB/T 68 M10×50 螺纹规格 d＝M10，公称长度 l＝50 的开槽沉头螺钉
开槽锥端紧定螺钉 GB/T 71		螺钉 GB/T 71 12×35 螺纹规格 d＝M12，公称长度 l＝35 的开槽锥端紧定螺钉

2. 螺纹紧固件的连接画法

螺纹紧固件的连接有螺栓连接、螺柱连接和螺钉连接三种基本类型（图 5-11），涉及多个零件，属于局部装配图，画图时应遵守以下三条基本规定：

（1）两零件的接触面只画一条线，不接触面必须画两条线。

（2）在剖视图中，当剖切平面通过螺纹紧固件的轴线时，这些零件都按不剖处理，即只画外形，不画剖面线。

（3）相邻两被连接件的剖面线方向应相反，必要时可以相同，但间隔不一致；在同一幅图上，同一零件的剖面线在各个视图上，其方向和间隔必须画成一致。

(a)螺栓连接　　　　　　　　　(b)螺柱连接　　　　　　　　　(c)螺钉连接

图 5-11　螺栓、螺柱、螺钉连接

绘制螺纹紧固件视图时，可从国家标准中查出各部分尺寸，按规定绘制。一般根据螺纹公称直径（d、D）的比例关系近似画出。图 5-12 所示为螺母、螺栓和垫圈的比例近似画法。

1）螺栓连接画法

螺栓用来连接不太厚并钻成通孔的零件，连接时将螺栓穿过被连接的两零件的光孔

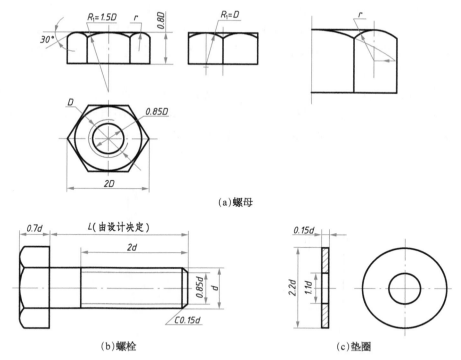

（a）螺母

（b）螺栓

（c）垫圈

图 5-12 螺母、螺栓和垫圈的比例近似画法

（光孔的孔径比螺栓的公称直径略大，一般可按 $1.1d$ 画出），套上垫圈，然后拧紧螺母，如图 5-13 所示。

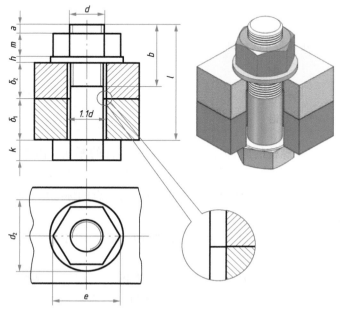

图 5-13 螺栓连接的简化画法

画图时,须知道螺栓的形式、公称直径和被连接两零件的厚度。由图 5 – 13 可知,螺栓的长度 $l=\delta_1+\delta_2+h+m+a$。其中,$h\approx0.15d$,$m\approx0.8d$,$a\approx(0.2\sim0.3)d$。

计算出 l 后,还须从螺栓的标准长度系列中选取与之相近的标准值(见本书附录附表 2)。

2) 双头螺柱连接画法

双头螺柱连接适用于两被连接件之一较厚或不宜加工成通孔的场合。连接时将双头螺柱的一端(旋入端)全部旋入螺孔内,在另一端(紧固端)套上制出通孔的零件,再套上弹簧垫圈或平垫圈,拧紧螺母,即完成了双头螺柱连接,如图 5 – 14 所示。

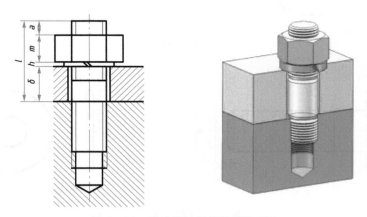

图 5 – 14　双头螺柱连接的简化画法

为保证连接强度,双头螺柱旋入端长度 b_m 随被旋入零件材料的不同而不同,见表 5 – 3。

表 5 – 3　不同材料的旋入长度 b_m

被旋入零件的材料	b_m
钢	d
铸铁或铜	$1.25d$ 或 $1.5d$
铝	$2d$

画图时,须知道双头螺柱的形式、公称直径、通孔零件的厚度。由图 5 – 14 可知,双头螺柱的公称长度 $l=\delta+h+m+a$。其中,$h\approx0.15d$,$m\approx0.8d$,$a\approx(0.2\sim0.3)d$。计算出 l 后,还须从双头螺柱的标准长度系列中选取与之相近的标准值(见本书附录附表 3)。

3) 螺钉连接画法

螺钉按用途可分为连接螺钉和紧定螺钉两种。前者用于连接零件,后者用于固定零件。

(1) 连接螺钉。连接螺钉用于受力不大和经常拆卸的场合。装配时将螺钉直接穿过被连接零件上的通孔,再拧入另一被连接零件的螺孔中,靠螺钉头部压紧被连接零件。图 5 – 15a 为开槽圆柱螺钉连接的装配图,图 5 – 15b 为开槽沉头螺钉连接的装配图。

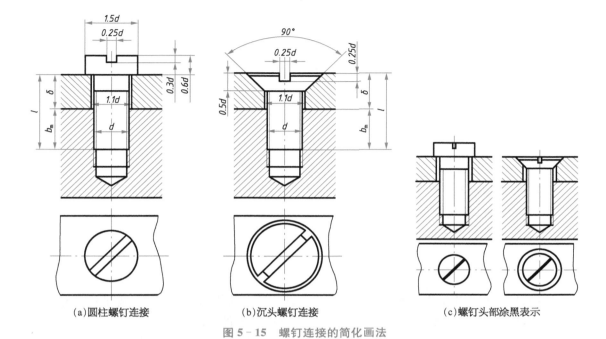

(a)圆柱螺钉连接　　　　　(b)沉头螺钉连接　　　　　(c)螺钉头部涂黑表示

图 5‑15　螺钉连接的简化画法

螺钉的公称长度 l＝通孔零件厚度 δ＋螺纹旋入深度 b_m，式中 b_m 与螺柱连接相同，按公称长度的计算值查表确定标准长度(见本书附录中附表 4、附表 5)。

画螺钉连接时,应注意以下几点:

① 在螺钉连接中螺纹终止线应高于两个被连接零件的结合面(图 5‑15a),表示螺钉有拧紧的余地,保证连接紧固;或者在螺杆的全长上都有螺纹(图 5‑15b);

② 螺钉头部的一字槽(或十字槽)的投影可以涂黑表示,在投影为圆的视图上,这些槽应画成 45°倾斜位置(右高左低),线宽为粗实线线宽的 2 倍,如图 5‑15c 所示。

(2)紧定螺钉。紧定螺钉用来固定两个螺钉的相对位置,使它们不产生相对运动。如图 5‑16a 中的轴和齿轮(图中齿轮仅画出轮毂部分),用一个开槽锥端紧定螺钉旋入轮毂的螺孔,使螺钉端部的 90°锥顶与轴上的 90°锥坑压紧,从而固定了轴和齿轮的相对位置。图 5‑16b 为紧定螺钉头部的比例画法。

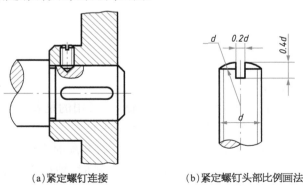

(a)紧定螺钉连接　　　　　(b)紧定螺钉头部比例画法

图 5‑16　紧定螺钉的连接画法

任务二　键连接与销连接的表达

学习目标

1. 知道键和销的种类、标记。
2. 会画键、销连接图。
3. 会查表和查阅键、销标准。

　　键、销都是起连接作用的。键通常用来将轴与轴上的传动件(如齿轮、皮带轮等)连接在一起,以传递扭矩,如图 5－17a 所示。销主要用于零件间的连接和定位,如图 5－17b 所示。键、销都是标准件,键连接和销连接都属于可拆连接,对于它们的结构、尺寸及画法,国家标准都做了规定。

(a)键连接　　　　　　　　　　　(b)销连接

图 5－17　键连接与销连接

一、键连接

1. 键连接的种类和标记

　　键是标准件,种类有普通平键、半圆键和楔键等,常用的是普通平键。普通平键有三种结构类型：A 型(圆头)、B 型(平头)和 C 型(单圆头)。

　　如图 5－18 所示,在轴和轮毂上分别加工出键槽,装配时先将键嵌入轴的键槽内,再将轮毂上的轴槽对准轴上的键,把轮子装在轴上。传动时,轴和轮子便一起转动。

　　几种常用键的形式、规定标记和图例,见表 5－4。

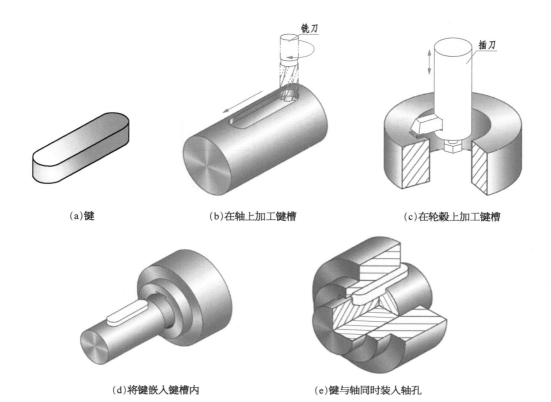

(a)键　　　(b)在轴上加工键槽　　　(c)在轮毂上加工键槽

(d)将键嵌入键槽内　　　(e)键与轴同时装入轴孔

图 5–18　键连接加工装配示意图

表 5–4　常用键的形式、规定标记和图例

名称及形式	图　　例	标　　记
普通 A 型平键 GB/T 1096—2003		圆头普通平键 $b=16$ mm，$h=10$ mm，$L=100$ mm GB/T 1096　键 $16\times10\times100$
半圆键 GB/T 1099.1—2003		半圆键 $b=6$ mm，$h=10$ mm，$d_1=25$ mm， $L=25.5$ mm GB/T 1099.1　键 $6\times10\times25$
钩头楔键 GB/T 1565—2003		钩头楔键 $b=18$ mm，$h=11$ mm，$L=100$ mm GB/T 1565　键 $18\times11\times100$

普通平键及键槽各部分尺寸与公差见表5-5。

表5-5　普通平键及键槽各部分尺寸与公差(摘自GB/T 1096—2003、GB/T 1095—2003)

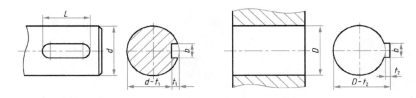

孔或轴的直径 d	键尺寸 $b \times h$	键长度 L	宽度 b 基本尺寸	正常连接 轴N9	正常连接 毂JS9	紧密连接 轴和毂JS9	松连接 轴H9	松连接 毂D10	轴 t_1 基本尺寸	轴 t_1 极限偏差	毂 t_2 基本尺寸	毂 t_2 极限偏差	半径 r min	半径 r max
6~8	2×2		2	−0.004 −0.029	±0.012 5	−0.006 −0.031	+0.025 0	+0.060 +0.020	1.2	+0.10	1.0	+0.10	0.08	0.16
8~10	3×3		3						1.8		1.4			
10~12	4×4	8~45	4	0 −0.030	±0.015	−0.012 −0.042	+0.030 0	+0.078 +0.030	2.5		1.8		0.08	0.16
12~17	5×5	10~56	5						3.0		2.3			
17~22	6×6	14~70	6						3.5		2.8		0.16	0.25
22~30	8×7	18~90	8	0 −0.036	±0.018	−0.015 −0.051	+0.036 0	+0.098 +0.040	4.0	+0.20	3.3			
30~38	10×8	22~110	10						5.0		3.3			
38~44	12×8	28~140	12						5.0		3.3			
44~50	14×9	36~160	14	0 −0.043	±0.021 5	−0.018 −0.061	+0.043 0	+0.120 +0.050	5.5		3.8		0.25	0.40
50~58	16×10	45~180	16						6.0		4.3	+0.20		
58~65	18×11	50~200	18						7.0		4.4			
65~75	20×12	56~220	20	0 −0.052	±0.026	−0.022 −0.074	+0.052 0	+0.149 +0.065	7.5		4.9			
75~85	22×14	63~250	22						9.0		5.4			
85~95	25×14	70~280	25						9.0		5.4		0.40	0.60
95~110	28×16	80~320	28						10.0		6.4			
110~130	32×18		32	0 −0.062	±0.031	−0.026 −0.088	+0.062 0	+0.180 +0.080	11.0		7.4			
130~150	36×20		36						12.0		8.4	+0.30	0.70	1.00
150~170	40×22		40						13.0		9.4			

（续表）

孔或轴的直径 d	键		键槽										
	键尺寸 $b \times h$	键长度 L	宽度 b					深度				半径 r	
			基本尺寸	极限偏差				轴 t_1		毂 t_2			
				正常连接		紧密连接	松连接		基本尺寸	极限偏差	基本尺寸	极限偏差	min	max
				轴 N9	毂 JS9	轴和毂 JS9	轴 H9	毂 D10					
170～200	45×25		45	0 −0.062	±0.031	−0.026 −0.088	+0.062 0	+0.180 +0.080	15.0		10.4		0.70	1.00
200～230	50×28		50						17.0		11.4			
230～260	56×32		56						20.0		12.4		1.20	1.60
260～290	63×32		63	0 −0.074	±0.037	−0.032 −0.106	+0.074 0	+0.220 +0.100	20.0		12.4	+0.3 0		
290～330	70×36		70						22.0		14.4			
330～380	80×40		80						25.0		15.4			
380～440	90×45		90	0 −0.087	±0.043 5	−0.037 −0.124	+0.087 0	+0.260 +0.120	28.0		17.4		2.00	2.50
440～500	100×50		100						31.0		19.5			

2. 常用键的画法

常用键连接的画法见表 5-6。

表 5-6　常用键连接的画法

名称	连接的画法	说　明
普通平键	主视图采用局部剖视图,左视图采用全剖视图	① 键侧面为工作面,应接触 ② 顶面有一定间隙 ③ 键的倒角或圆角省略不画 ④ b 为键宽;h 为键高;t 为轴上键槽深度;t_1 为轮毂上键槽深度 ⑤ 以上代号的数值,均可根据轴的公称直径 d 从相应国家标准中查出
半圆键	主视图采用局部剖视图,左视图采用全剖视图	① 键侧面为工作面,侧面、底面应接触 ② 顶面有一定间隙

（续表）

名　称	连　接　的　画　法	说　　明
钩头楔键	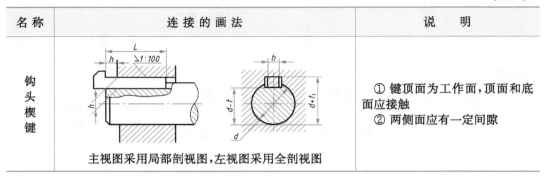 主视图采用局部剖视图,左视图采用全剖视图	① 键顶面为工作面,顶面和底面应接触 ② 两侧面应有一定间隙

二、销连接

销主要用于零件之间的定位,也可用于零件之间的连接,但只能传递不大的扭矩。常用的有圆柱销、圆锥销和开口销。开口销要与六角开槽螺母配合使用,它穿过螺母上的槽和螺杆上的孔以防松动。

1. 常用销的标记

销的标记方法与键相似,使用和绘图时,可从相应国家标准中查得。表 5-7 为销的形式、画法和标记。

表 5-7　销的形式、画法和标记

名称及标准	图　　例	标 记 示 例
圆柱销 GB/T 119.1—2000		公称直径 $d=8$ mm、公称长度 $l=30$ mm、公差为 m6、材料为钢、不经淬火、不经表面处理的圆柱销: 销 GB/T 119.1　8m6×30
圆锥销 GB/T 117—2000		公称直径 $d=10$ mm、公称长度 $l=60$ mm、材料为 35 钢、热处理硬度 HRC 28～38、表面氧化处理的 A 型销: 销 GB/T 117　10×60 (圆锥销的公称直径是指小端直径)
开口销 GB/T 91—2000		公称直径 $d=5$ mm、长度 $l=50$ mm、材料为低碳钢、不经表面处理的开口销: 销 GB/T 91　5×50

2. 销连接的画法

图 5－19a 为圆柱销连接,图 5－19b 为圆锥销连接。

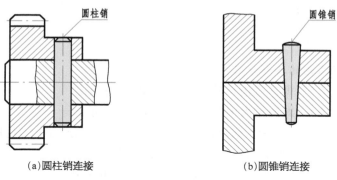

(a)圆柱销连接　　　　　(b)圆锥销连接

图 5－19　销连接的画法

任务三　　　齿轮的规定画法

学习目标

1. 知道齿轮的用途、主要参数及计算方法,会画直齿圆柱齿轮及其齿轮啮合图。
2. 能识读齿轮零件图。

齿轮是机器设备中应用十分广泛的传动零件,用来传递运动和动力、改变轴的转向和转速。齿轮的轮齿部分参数已标准化,齿轮属于常用件。齿轮传动中常见以下三种类型:

（1）圆柱齿轮。用于两平行轴之间的传动(图 5－20a)。

(a)圆柱齿轮　　　　　　(b)圆锥齿轮　　　　　　(c)蜗轮蜗杆

图 5－20　齿轮传动

（2）圆锥齿轮。用于两垂直相交轴之间的传动（图 5-20b）。

（3）蜗轮蜗杆。用于两垂直交叉轴之间的传动（图 5-20c）。

本任务主要介绍标准直齿圆柱齿轮的基本知识和规定画法。

一、直齿圆柱齿轮的主要参数及其计算

1. 直齿圆柱齿轮的各部分名称及代号（图 5-21）

（1）齿顶圆（d_a）。即通过齿顶的圆，其直径以 d_a 表示。

（2）齿根圆（d_f）。即通过齿根的圆，其直径以 d_f 表示。

（3）分度圆（d）。即一个假想的圆，直径以 d 表示。在分度圆上，齿厚与齿槽宽相等。分度圆是设计、制造齿轮时计算各部分尺寸的基准圆。

（4）齿距（p）。即在分度圆上，相邻两齿同侧齿面间的弧长。

（5）齿高（h）。即轮齿在齿顶圆与齿根圆之间的径向距离。其中：

齿顶高（h_a）：齿轮在齿顶圆与分度圆间的径向距离。

齿根高（h_f）：齿轮在齿根圆与分度圆间的径向距离。

全齿高 $h = h_a + h_f$。

（6）中心距（a）。即两啮合圆柱齿轮节圆的半径之和，$a = (d_1 + d_2)/2 = m(z_1 + z_2)/2$。

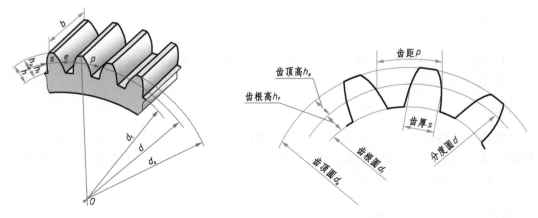

图 5-21 直齿圆柱齿轮的各部分名称

2. 直齿圆柱齿轮的基本参数

（1）齿数（z）。即齿轮上轮齿的个数。

（2）模数（m）。齿轮的分度圆周长 $\pi d = zp$，则 $d = \dfrac{zp}{\pi}$，设 $\dfrac{p}{\pi} = m$，所以模数 m 是齿距 p 与圆周率 π 的比值。

模数是设计、制造齿轮的基本参数，模数大，轮齿就大，而齿轮承载能力也大。为了便于设计、制造，模数已经标准化，见表 5-8。

表 5-8　模数的标准系列　　　　　　　　　　　　　　　　　　　　　　（mm）

第一系列	1	1.25	1.5	2	2.5	3	4	5	6	8	10	12	16	20	25	32	40	50
第二系列	1.125	1.375	1.75	2.25	2.75	3.5	5.5	5.5	(6.5)	7	9	11	14	18	22	28	35	45

注：优先选用第一系列，括号内的模数尽量不用。

3. 直齿圆柱齿轮各部分的尺寸计算公式

确定出齿轮的齿数 z 和模数 m，齿轮的各部分尺寸即可以按表 5-9 中的公式计算出。

表 5-9　标准直齿圆柱齿轮各部分的尺寸关系

模　数	分度圆直径	齿顶高	齿根高	齿　高	齿顶圆直径	齿根圆直径	中心距
m	d	h_a	h_f	h	d_a	d_f	a
由设计或测绘确定	$d = mz$	$h_a = m$	$h_f = 1.25m$	$h = 2.25m$	$d_a = m(z+2)$	$d_f = m(z-2.5)$	$a = \dfrac{m(z_1+z_2)}{2}$

二、直齿圆柱齿轮的画法

1. 单个直齿圆柱齿轮的画法

（1）视图中齿顶圆和齿顶线按粗实线绘制；分度圆和分度线用细点画线绘制；齿根圆和齿根线用细实线绘制（可省略不画），如图 5-22a 所示。

（2）剖视图中，轮齿均按不剖表示，而齿顶线、齿根线均用粗实线绘制，分度线仍用细点画线绘制，如图 5-22b 所示。

（3）对于斜齿或人字形齿的圆柱齿轮，可用三条与齿线方向一致的细实线表示轮齿的方向，如图 5-22c、d 所示。

（4）齿轮的其他结构按投影画出。

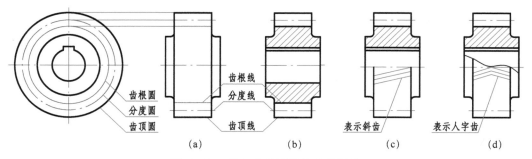

图 5-22　单个直齿圆柱齿轮的画法

2. 两齿轮啮合的规定画法

两标准齿轮互相啮合时，两齿轮分度圆处于相切位置，此时分度圆又称为节圆。

两齿轮的啮合画法，关键是啮合区的画法，其他部分仍按单个齿轮的画法规定绘制。

（1）在投影为圆的视图中，两齿轮的节圆相切。啮合区内的齿顶圆均用粗实线画出（图5-23a），也可以省略不画（图5-23b）。

（2）在非圆投影的外形视图中，啮合区的齿顶线和齿根线不必画出，节线画成粗实线，如图5-23c所示。

（3）两齿轮的啮合区，在非圆投影的剖视图中，两齿轮的节线重合，画细点画线，齿根线画粗实线。齿顶线的画法是将一个齿轮齿顶线用粗实线绘制，另一个轮齿被遮住部分用虚线或省略；一个齿轮齿顶和另一个齿轮齿根的间隙为0.25 m，如图5-23d所示。

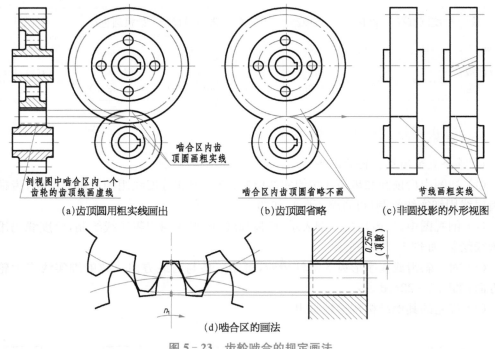

(a)齿顶圆用粗实线画出 (b)齿顶圆省略 (c)非圆投影的外形视图

(d)啮合区的画法

图5-23 齿轮啮合的规定画法

任务四 滚动轴承与弹簧的规定画法

学习目标

1. 知道滚动轴承的作用、种类和规定画法，具有识读轴承的能力。
2. 知道弹簧的作用、种类和规定画法，具有识读弹簧的能力。

一、滚动轴承

滚动轴承是一种支撑转动轴的标准组件,其结构紧凑,摩擦小,能在较大的载荷、较高的转速下工作,转动精度高,已被广泛使用于机器中。滚动轴承是标准件,由专业厂家生产,选用时可查阅相关国家标准,选购即可。

1. 滚动轴承的结构及其分类

滚动轴承种类繁多,但它们的结构大体相似,一般都是由外圈、内圈(或上圈、下圈)、滚动体和保持架所组成(图5-24)。

按所能承受的负荷方向不同,可将滚动轴承分为以下几种:

1)向心轴承

主要用于承受径向载荷,如深沟球轴承(图5-24a)。

2)推力轴承

主要用于承受轴向载荷,如推力球轴承(图5-24b)。

3)向心推力轴承

同时承受轴向和径向载荷,常用的如圆锥滚子轴承(图5-24c)。

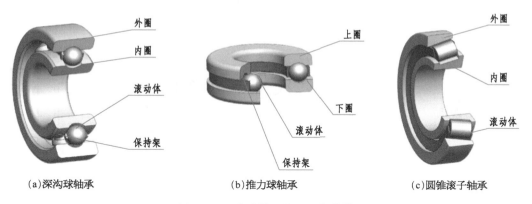

(a)深沟球轴承　　　　(b)推力球轴承　　　　(c)圆锥滚子轴承

图5-24 滚动轴承的结构和种类

2. 滚动轴承的画法

滚动轴承是标准件,其结构形式、尺寸和标记都已标准化,画图时可根据需要采用简化画法(包括通用画法、特征画法)与规定画法。在装配图中,对于滚动轴承是根据其代号,从国家标准中查出外径 D、内径 d、宽度 B 或 T 等几个主要尺寸来绘制的。当需要详细地表达滚动轴承的主要结构时,可采用规定画法;在只须简单地表达滚动轴承的主要结构时,可采用特征画法。在装配图的明细表中标出滚动轴承的标记。表5-10为常用三种滚动轴承的画法。轴承各主要尺寸的数值由国家标准中查得,见表5-11。表5-12为滚动轴承的类型代号。

表 5‐10   常用三种滚动轴承的画法

类型名和标准号	查表主要数据	结构形式	规定画法	特征画法	装配画法
深沟球轴承 GB/T 276—2013	d D B	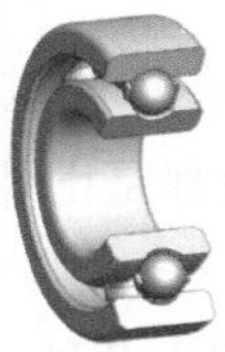	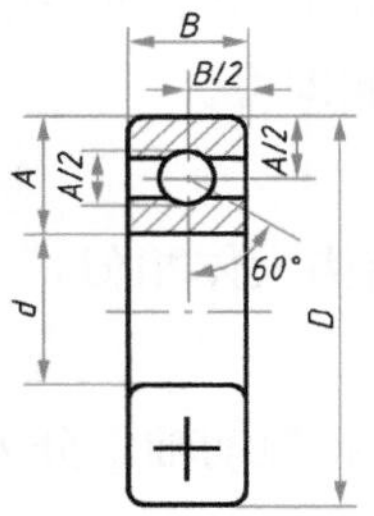	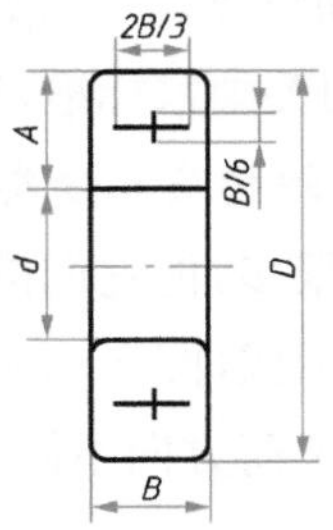	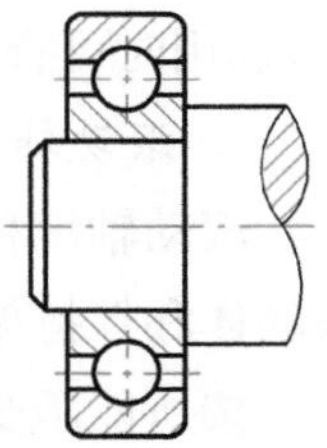
圆锥滚子轴承 GB/T 297—2015	d D B T C		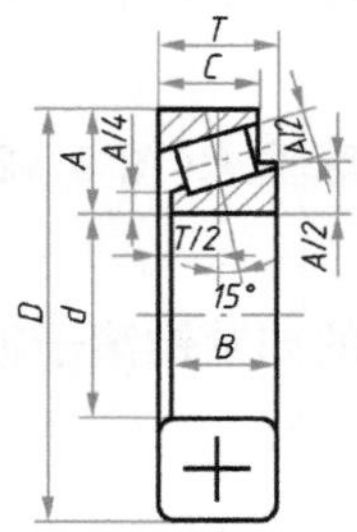	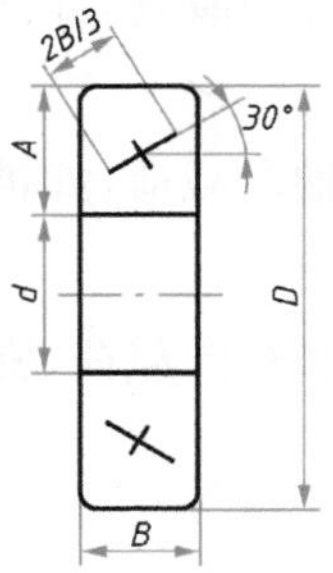	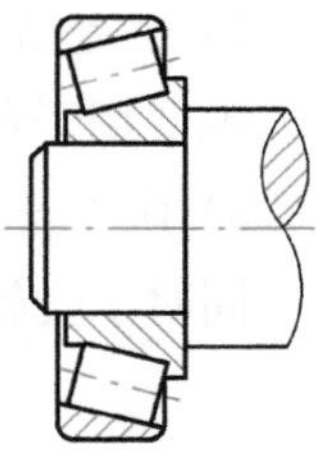
推力球轴承 GB/T 301—2015	d D T		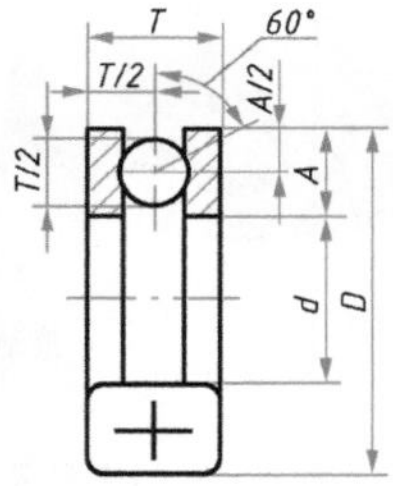	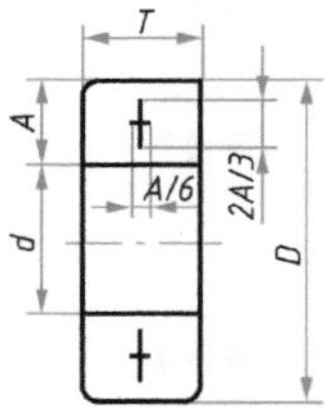	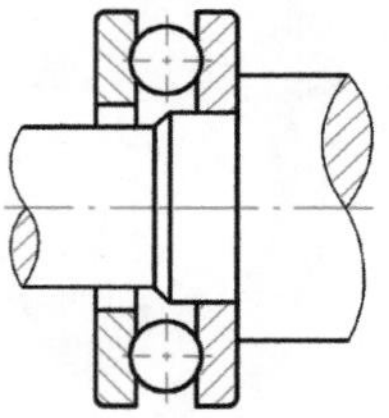

表 5‐11   滚动轴承尺寸

深沟球轴承 （GB/T 276—2013）	圆锥滚子轴承 （GB/T 297—2015）	推力球轴承 （GB/T 301—2015）
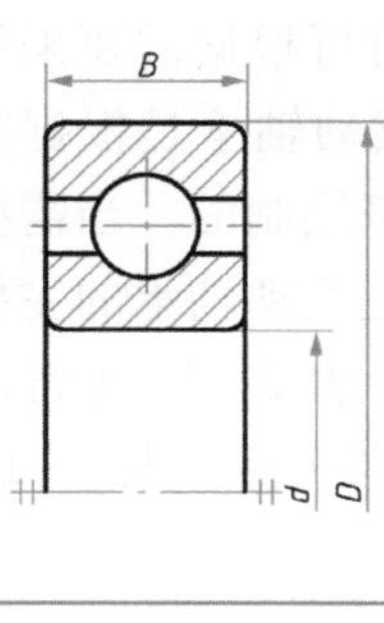	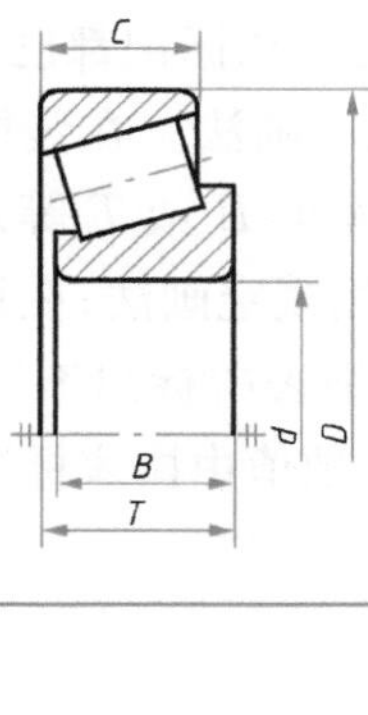	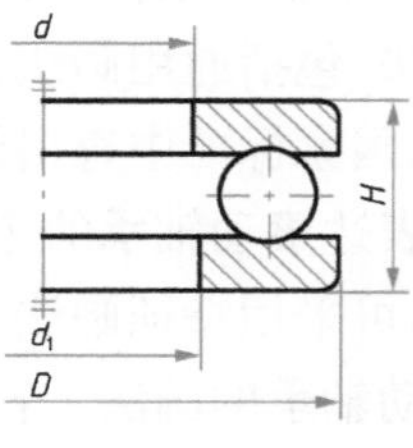

标记示例：滚动轴 6212 GB/T 276				标记示例：滚动轴承 30209 GB/T 297						标记示例：滚动轴承 51304 GB/T 301				
轴承型号	d	D	B	轴承型号	d	D	B	C	T	轴承型号	d	D	T	d_{1min}
尺寸系列（02）				尺寸系列（02）						尺寸系列（12）				
6202	15	35	11	30203	17	40	12	11	13.25	51202	15	32	12	17
6203	17	40	12	30204	20	47	14	12	15.25	51203	17	35	12	19
6204	20	47	14	30205	25	52	15	13	16.25	51204	20	40	14	22
6205	25	52	15	30206	30	62	16	14	17.25	51205	25	47	15	27
6206	30	62	16	30207	35	72	17	15	18.25	51206	30	52	16	32
6207	35	72	17	30208	40	80	18	16	19.75	51207	35	62	18	37
6208	40	80	18	30209	45	85	19	16	20.75	51208	40	68	19	42
6209	45	85	19	30210	50	90	20	17	21.75	51209	45	73	20	47
6210	50	90	20	30211	55	100	21	18	22.75	51210	50	78	22	52
6211	55	100	21	30212	60	110	22	19	23.75	51211	55	90	25	57
6212	60	110	22	30213	65	120	23	20	25.75	51212	60	95	26	62
尺寸系列（03）				尺寸系列（03）						尺寸系列（13）				
6302	15	42	13	30302	15	42	13	11	15.25	51304	20	47	18	22
6303	17	47	14	30303	17	47	14	12	15.25	51305	25	52	18	27
6304	20	52	15	30304	20	52	15	13	16.25	51306	30	60	21	32
6305	25	62	17	30305	25	62	17	15	18.25	51307	35	68	24	37
6306	30	72	19	30306	30	72	19	16	20.75	51308	40	78	26	42
6307	35	80	21	30307	35	80	21	18	22.75	51309	45	85	28	47
6308	40	90	23	30308	40	90	23	20	25.25	51310	50	95	31	52
6309	45	100	25	30309	45	100	25	22	27.25	51311	55	105	35	57
6310	50	110	27	30310	50	110	27	23	29.25	51312	60	110	35	62
6311	55	120	29	30311	55	120	29	25	31.50	51313	65	115	36	67
6312	60	130	31	30312	60	130	31	26	33.50	51314	70	125	40	72
6313	65	140	33	30313	65	140	33	28	36.00	51315	75	135	44	77

表 5 - 12　滚动轴承的类型代号

代　号	轴　承　类　型	代　号	轴　承　类　型
0	双列角接触轴承	6	深沟球轴承
1	调心球轴承	7	角接触球轴承
2	调心滚子轴承和推力调心滚子轴承	8	推力圆柱滚子轴承
3	圆锥滚子轴承	N	圆柱滚子轴承（双列或多列用字母 NN 表示）
4	双列深沟球轴承	U	外球面球轴承
5	推力球轴承	QJ	四点接触球轴承

二、弹簧

弹簧是机械、电器设备中一种常用的零件，主要用于储能、减震、复位、夹紧、测力等。弹簧的种类很多，有螺旋弹簧、涡卷弹簧和板弹簧等。常见的螺旋弹簧有压缩弹簧、拉伸弹簧和扭力弹簧，如图 5 - 25 所示。

压缩弹簧　　　　拉伸弹簧　　　　扭力弹簧　　　　涡卷弹簧

图 5 - 25　弹簧种类

1. 圆柱螺旋压缩弹簧各部分名称及尺寸关系（图 5 - 26）

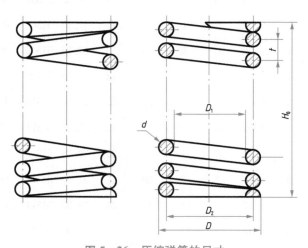

图 5 - 26　压缩弹簧的尺寸

（1）弹簧丝直径 d。即制造弹簧所用金属丝的直径。

（2）弹簧直径。其中：

弹簧中径 D_2：弹簧轴剖面内弹簧丝中心所在柱面的直径。

弹簧内径 D_1：弹簧的内孔直径即弹簧的最小直径，$D_1 = D_2 - d$。

弹簧外径 D：弹簧的最大直径，$D = D_2 + d$。

（3）节距 t。即相邻两有效圈上对应点间的轴向距离，一般 $t = (D/3) \sim (D/2)$。

（4）有效圈数 n。即保持相等节距且参与工作的圈数。其中：

支承圈数 n_2：为了使弹簧工作平衡，端面受力均匀，制造时将弹簧两端压紧靠实，磨出支承平面，称为支承圈。n_2 为两端支承圈数总和，有 1.5、2、2.5 圈三种。

总圈数 n_1：有效圈数和支承圈数的总和，即 $n_1 = n + n_2$。

（5）旋向。分为左旋和右旋两种。

2. 圆柱螺旋压缩弹簧的规定画法

1）弹簧规定画法

（1）圆柱螺旋弹簧可画成视图，也可画成剖视图或示意图（图 5-27）。

（2）平行于轴线的投影面上所得图形，其各圈的轮廓线画成直线。

（3）螺旋弹簧均可画成右旋，对左旋的螺旋弹簧，不论画成左旋或右旋，一律要标注出旋向"左"字。

（4）有效圈数多于 4 圈时，中间各圈可省略不画，适当缩短弹簧的长度，并将两端用细点画线连起来。

（5）弹簧画法只起一个符号的作用，不论支承圈的圈数多少和并紧情况如何，均按支承圈为 2.5 圈的形式绘制，如图 5-27a、b 所示。

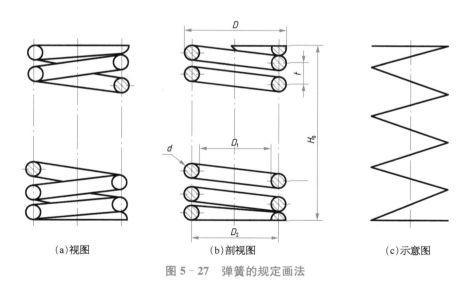

(a)视图   (b)剖视图   (c)示意图

图 5-27 弹簧的规定画法

2）装配图中螺旋压缩弹簧的简化画法

装配图中，弹簧被看作实心物体，因此，被弹簧挡住的结构一般不画出，可见部分应画至弹簧的外轮廓或中径处(图 5 - 28a)。当簧丝直径在图形上小于或等于 2 mm 并被剖切时,剖面可以涂黑表示(图 5 - 28b),也可采用示意画法(图 5 - 28c)。

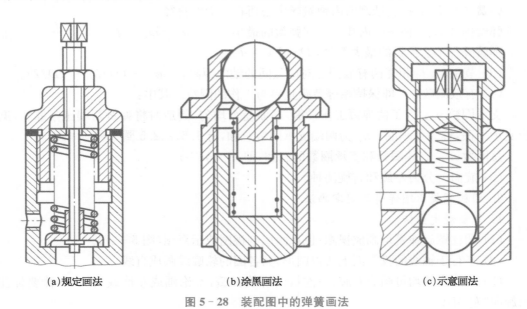

(a)规定画法   (b)涂黑画法   (c)示意画法

图 5 - 28　装配图中的弹簧画法

单元六　零件图的识读与零件测绘

任何机器或部件都是由若干个零件按照一定的装配关系和技术要求装配而成的，零件是组成机器的最小制造单元。如图 6-1 所示的齿轮泵，由 17 种零件装配而成。

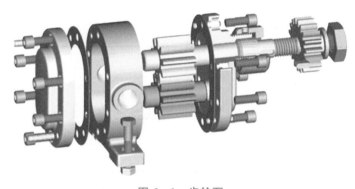

图 6-1　齿轮泵

任务一　零件图概述

 学习目标

1. 说出零件图的作用和内容。
2. 说出零件图的视图选择原则。
3. 能制定零件的表达方案。

零件图是用来表示零件的结构形状、大小及技术要求的图样。其反映了设计者的意图，表达了机器或部件对零件的要求，是直接指导制造和检验零件的重要技术文件，是生产中最重要的技术文件之一。

一、零件图的内容

图 6-2 所示为齿轮泵主动齿轮轴的零件图。可见，一张完整的零件图一般应包括以下内容：

（1）一组图形。用一组适当的视图、剖视图、断面图等图形，正确、完整、清晰地表达出零件各部分的结构和形状。

（2）完整的尺寸。图形中应正确、完整、清晰、合理地标注出制造零件和检验零件所需的全部尺寸。

（3）技术要求。包括表面粗糙度、尺寸公差、几何公差、材料的热处理及表面处理等。需要用规定的代号或文字，注出零件在制造、检验、装配和调试过程中应达到的要求。

（4）标题栏。填写零件的名称、数量、材料、比例、图号及设计、绘图人员的签名和日期等。

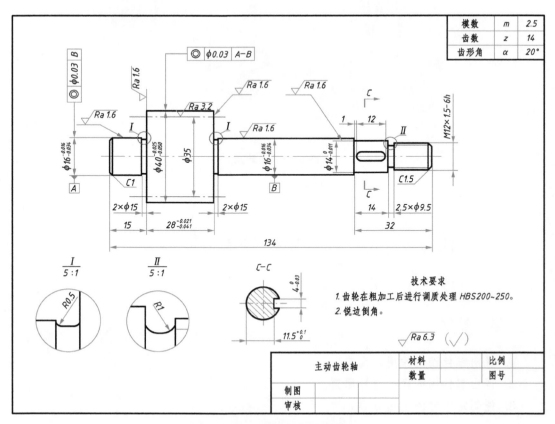

图 6-2 主动齿轮轴的零件图

二、零件图的视图选择

在零件图中,不但要将零件的内外结构形状用一组图形正确、完整、清晰地表达清楚,还要考虑画图和读图的简便。关键在于要仔细分析零件的结构特点,选择合理的表达方法,选择主视图的投射方向。

1. 主视图的选择

主视图是一组图形的核心。主视图在表达零件结构形状、画图和看图中起主导作用,因此应把选择主视图放在首位。选择主视图应综合考虑以下原则:

(1)形状特征原则。主视图的投射方向应能充分反映零件的结构形状及零件各组成部分的相对位置。如图 6-3 所示,A 投射方向比 B、C 投射方向更能清楚显示结构特征。

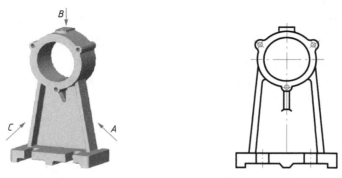

图 6-3 按形状特征选择主视图

(2)加工位置原则。加工位置是指零件在加工时的装夹位置。主视图应尽量与零件的主要加工位置一致,便于加工、测量时进行图物对照。对于轴套、轮盘等回转体零件,大部分工序是在车床或磨床上进行,如图 6-4 所示,因此这类零件选择主视图一般遵循这一原则。

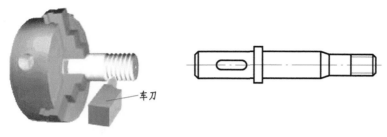

车刀

图 6-4 按加工位置选择主视图

(3)工作位置原则。主视图应尽量表示零件在机器上的工作位置或安装位置。对于加工位置变化多的零件,如拨叉、支架、箱体,主视图应尽量与零件在机器中的工作位置一致,这样便于图与物联系、想象出零件的工作情况,如图 6-5 所示的吊车吊钩与汽车前拖钩。

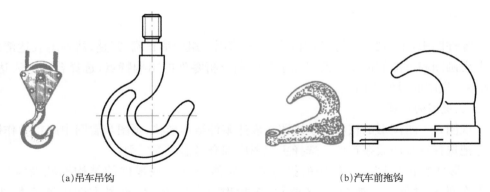

(a)吊车吊钩 　　　　　　　　　　　　　　(b)汽车前拖钩

图 6-5　按工作位置选择主视图

2. 其他视图的选择

对于结构形状较复杂的零件,主视图还不能完全反映其结构形状,必须选择其他视图,包括剖视图、断面图、局部放大图和简化画法等各种表达方法。如图 6-6 所示尾架端盖用左视图表达孔槽的分布情况。

选择其他视图的原则是:在完整、清晰地表达零件内外结构形状的前提下,尽量减少图形数量,以方便画图和看图。

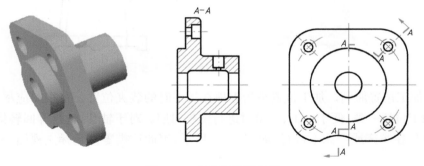

图 6-6　其他视图的配置

【例 6-1】　设计轴承座的表达方案。

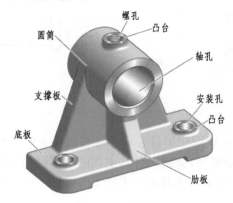

图 6-7　轴承座

任务二　　零件图的尺寸标注

学习目标

会标注简单零件的尺寸和识读零件图的尺寸标注。

零件图中的尺寸标注,除了要满足前面所述正确、完整和清晰的要求外,还要考虑标注尺寸的合理性。标注尺寸合理是指所注尺寸既要满足设计使用要求,又能符合工艺要求,便于零件的加工和检验。要使尺寸标注合理,需要有一定的生产实践经验和有关专业知识。

一、零件图尺寸标注的要求

零件图上的尺寸是零件加工、检验的重要依据,标注尺寸时应符合以下要求:

(1) 正确。尺寸标注必须符合国家标准的规定。

(2) 完整。零件的整体尺寸和各个部分的定形、定位尺寸应完整无缺,不可少标,也不可重复标注。

(3) 清晰。零件上各部分的定形、定位尺寸应标注在形状特征明显的视图上,并尽量集中标注在一个或两个视图上,使尺寸布置清晰、便于看图。

(4) 合理。尺寸中的标注应满足加工、测量和检验的要求。

二、零件图尺寸标注的方法和步骤

1. 确定尺寸基准

标注尺寸时,确定尺寸位置的几何元素,称为尺寸基准。通常,零件上可以作为基准的几何元素有平面(如支承面、对称中心面、端面、加工面、装配面等)、线(轴和孔的回转轴线)和点(球心)。

尺寸基准分为设计基准和工艺基准两类。设计基准是根据机器的构造特点及零件的设计要求而选定的尺寸起始点;工艺基准是以便于加工和测量而选定的尺寸起始点。

任何一个零件都有长、宽、高三个方向的尺寸。因此,一般的零件图至少有三个主要基准,必要时还可增加辅助基准,辅助基准与主要基准之间必须要有尺寸联系。

选择和确定基准的一般规律如下:

(1) 有回转轴的轴套类和盘盖类零件,一般只有两个方向的尺寸基准,即径向基准和轴向基准。如图 6-8 所示,回转体零件的径向基准为轴线,轴向基准为端面(重要的工作端面或最外端面)。

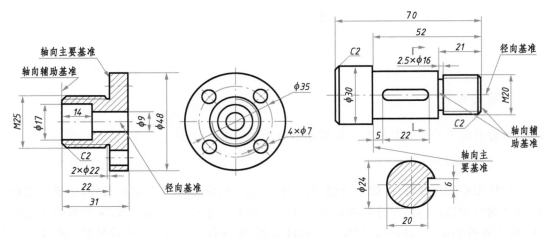

图 6-8　回转体零件的尺寸基准

　　(2) 箱体和支座类零件,其尺寸基准一般为支撑底面(高度方向)、装配接合面、对称中心面等。如图 6-9 所示泵座的底面为高度方向的主要尺寸基准,两回转面轴线为高度方向的辅助基准;后端面为宽度方向的尺寸基准;主视图中的对称中心面为长度方向的尺寸基准。

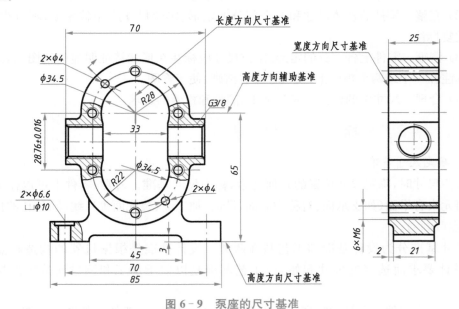

图 6-9　泵座的尺寸基准

　　2. 标注定位尺寸、定形尺寸
　　对零件图进行形体分析后,由基准出发,标注零件上各部分形体的定位尺寸,然后标注定形尺寸。

如图 6-10 所示输出轴,右端面为长度方向的基准,轴线为宽度方向的基准,按轴段外圆的加工顺序依次标注出尺寸。

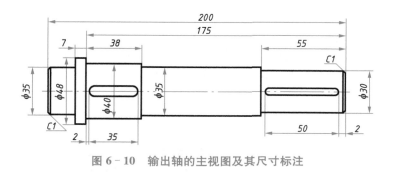

图 6-10 输出轴的主视图及其尺寸标注

注意:尺寸标注避免出现如图 6-11b 所示的封闭尺寸链,图 6-11a 所示为正确标注。

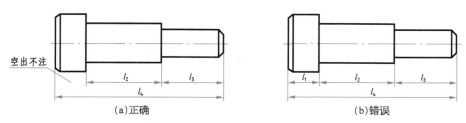

图 6-11 避免出现尺寸封闭链示例

三、零件上常见孔的尺寸注法

国家标准《技术制图 简化表示法》(GB/T 16675.1—2012)要求标注尺寸时,应使用符号和缩写词。各种孔的尺寸注法见表 6-1。

表 6-1 各种孔的尺寸注法

结构类型		普通注法	简化注法	说明
光孔	一般孔	4×φ4 10	4×φ4▽10 或 4×φ4▽10	表示直径为 φ4 均匀分布的 4 个光孔;"▽"为孔深符号
	精加工孔	4×φ4H7 10 12	4×φ4H7▽10 孔深12 或 4×φ4H7▽10 孔深12	光孔深度为 12;钻孔后须精加工至 φ4H7,深度为 10

（续表）

结构类型		普通注法	简化注法	说明
光孔	锥销孔	锥销孔无普通注法。注意：ϕ4 是指与其相配的圆锥销的公称直径（小端直径）	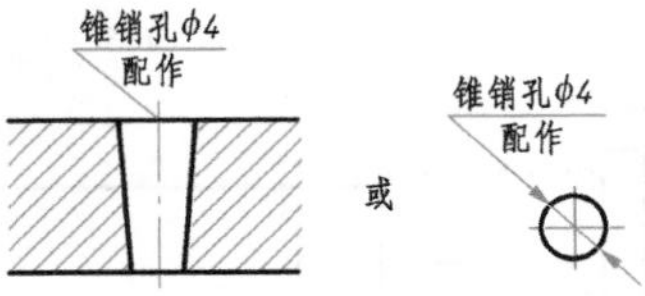锥销孔ϕ4 配作 或 锥销孔ϕ4 配作	“配作”系指该孔与相邻零件的同位锥销孔一起加工
沉孔	柱形沉孔	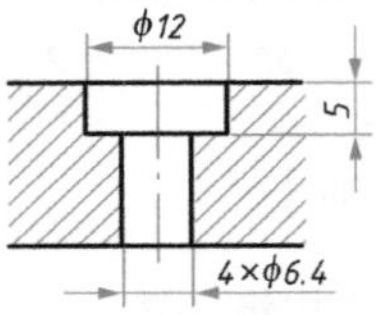ϕ12 5 4×ϕ6.4	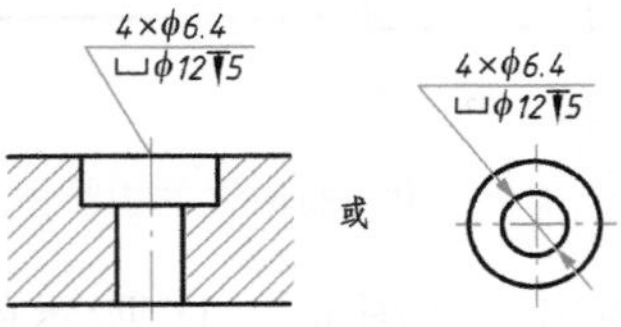4×ϕ6.4 ⌴ϕ12↧5 或 4×ϕ6.4 ⌴ϕ12↧5	4 个均匀分布的柱形沉孔，小直径为 ϕ6.4，大直径为 ϕ12，深度为 5；“⌴”为柱形沉孔符号
	锥形沉孔	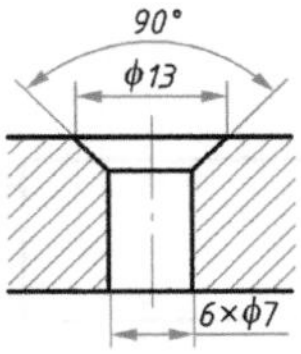90° ϕ13 6×ϕ7	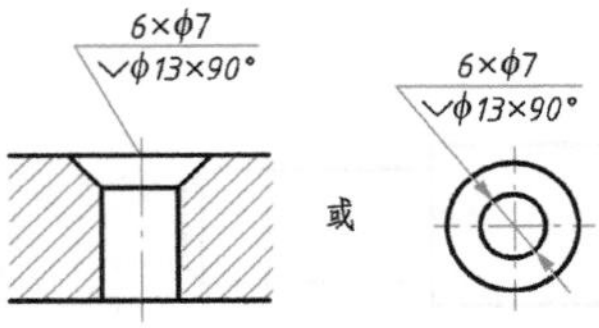6×ϕ7 ⌵ϕ13×90° 或 6×ϕ7 ⌵ϕ13×90°	6 个均匀分布的锥形沉孔，小孔直径为 ϕ7，大孔直径为 ϕ13，锥顶角为 90°；“⌵”为锥形沉孔符号
	锪孔	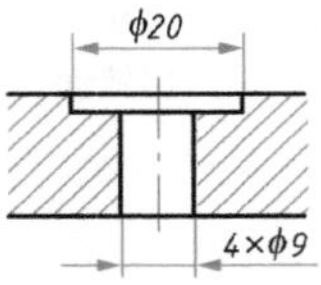ϕ20 4×ϕ9	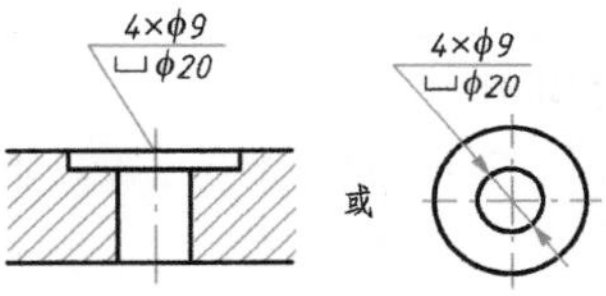4×ϕ9 ⌴ϕ20 或 4×ϕ9 ⌴ϕ20	锪平 ϕ20 的沉孔，锪孔深度无须标注，一般锪平到不出现毛面为止
螺孔	通孔	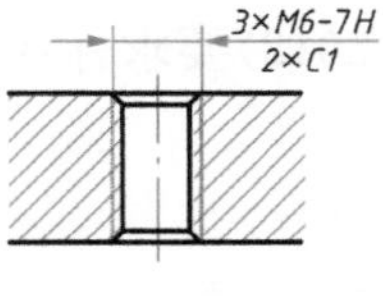3×M6-7H 2×C1	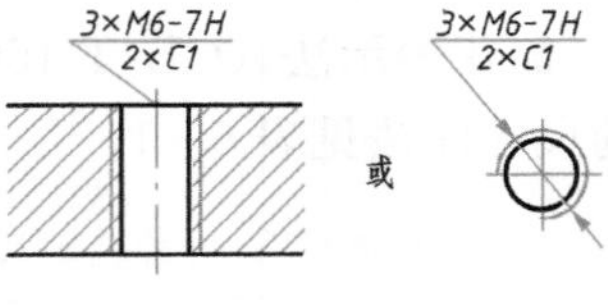3×M6-7H 2×C1 或 3×M6-7H 2×C1	3 个均匀分布、公称直径为 M6 的螺纹孔；“2×C1”表示两端倒角均为 C1
	不通孔	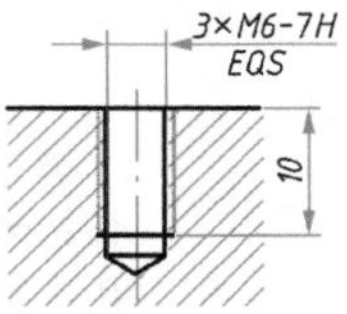3×M6-7H EQS 10	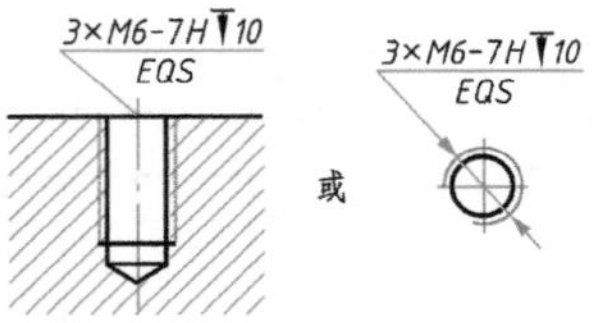3×M6-7H↧10 EQS 或 3×M6-7H↧10 EQS	不通孔的螺纹深度可与螺孔直径连注，也可分开注出；“EQS”为均布孔的缩写词
	不通孔	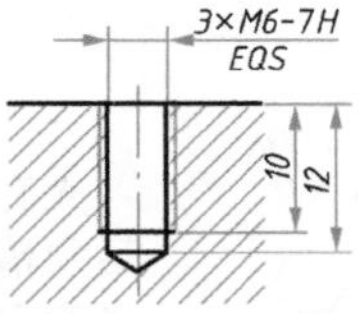3×M6-7H EQS 10 12	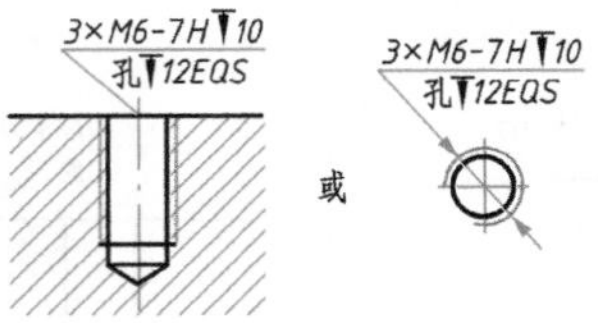3×M6-7H↧10 孔↧12EQS 或 3×M6-7H↧10 孔↧12EQS	需要注出孔深时，应明确标注孔深尺寸

注：① 各类孔均可采用旁注加符号的方法进行简化标注。
② 引出线应从装配时的装入端或孔的圆视图中引出。

任务三　　　　零件图的技术要求

学习目标

1. 会识读尺寸公差、几何公差和表面粗糙度在图样上的注法。
2. 能正确对零件图进行尺寸公差、几何公差和表面粗糙度的标注。

零件图中除了用各种表达方法表达零件的形状、用尺寸标注零件的大小外,还应表示出对该零件的质量要求,如表面粗糙度、尺寸公差、几何公差、材料的热处理等,这些要求称为技术要求。

一、表面粗糙度

1. 表面粗糙度的概念

由于机床、工件和刀具系统的振动,材料的塑性变形及刀痕等,在放大镜或显微镜下,机械加工后的零件表面会显示出许多高低不平的凸峰和凹谷,如图 6 – 12 所示。这种表示零件表面具有较小间距和峰谷所组成的微观几何形状特征,称为表面粗糙度,在零件图中用代号标出。

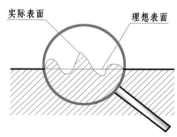

图 6 – 12　零件的表面

表面粗糙度是评定零件表面质量的一项重要指标。零件表面粗糙度影响零件的使用性能和使用寿命,在保证零件的尺寸、形状和位置精度的同时,不能忽视表面粗糙度的影响。

表面粗糙度的评定参数主要是轮廓算术平均偏差 Ra 和轮廓最大高度 Rz(GB/T 1031—2009),单位为 μm。Ra、Rz 的数值分别如下:

Ra:0.012,0.025,0.05,0.1,0.2,0.4,0.8,1.6,3.2,6.3,12.5,25,50,100;

Rz:0.025,0.05,0.1,0.2,0.4,0.8,1.6,3.2,6.3,12.5,25,50,100,200,400,800,1 600。

表面粗糙度值越小,表面质量要求越高,加工精度要求越高,加工成本也越高,加工越复杂。所以在表面粗糙度值选用时,应既满足零件表面的功用要求,又要考虑经济合理性。其原则是在满足零件使用要求的前提下,应尽量选用较大参数值。

2. 表面粗糙度符号及标注

1)表面粗糙度符号

表面粗糙度代号由规定的符号和有关参数值组成,表面粗糙度的符号及其意义见表

6－2。

表 6－2　表面粗糙度的符号及其意义

符　号	意　义　与　说　明
基本符号	表示对表面结构有加工要求的图形符号。仅适用于简化代号标注，没有补充说明时不能单独使用
扩展符号	表示对表面结构有指定要求（去除材料）的图形符号，例如车、铣、钻、磨、剪切、抛光、腐蚀、电火花加工、气割等，表示指定表面是用去除材料的方法获得的
扩展符号	表示对表面结构有指定要求（不去除材料）的图形符号，例如铸、锻、冲压变形、热轧、冷轧、粉末冶金，表示指定表面是用不去除材料的方法获得的
完整符号	表示对基本符号或扩展符号扩充后的图形符号。在上述三个符号的长边上均可加一横线，用于标注表面结构特征的补充信息参数和说明
完整符号	在上述三个符号上均可加一小圆，表示所有表面具有相同的表面粗糙度要求
实　例　$\sqrt{}$ Ra 3.2	表示用任何方法获得的表面粗糙度，Ra 的上限值为 3.2 μm
$\sqrt{}$ Ra 3.2	表示用去除材料的方法获得的表面粗糙度，Ra 的上限值为 3.2 μm
$\sqrt{}$ Ra 3.2	表示用不去除材料的方法获得的表面粗糙度，Ra 的上限值为 3.2 μm
$\sqrt{}$ Ra 3.2 Ra 1.6	表示用去除材料的方法获得的表面粗糙度，Ra 的上限值为 3.2 μm，下限值为 1.6 μm
$\sqrt{}$ Rz 200	表示用不去除材料的方法获得的表面粗糙度，Rz 的上限值为 200 μm

2）表面粗糙度标注

表面粗糙度在图样中的标注方法见表 6－3。

表 6－3　表面粗糙度标注示例

内　容	图　　示	规　定　及　说　明
表面粗糙度代号及符号的比例	Ra 3.2　H_1=1.4h　H_2=2.1H_1　H=图上尺寸高度　圆为正三角形的内切圆　60° 60°	① 符号用细实线绘制　② 在同一张图上，每一表面一般只标注一次，并尽可能靠近有关的尺寸线

（续表）

内 容	图 示	规 定 及 说 明
表面粗糙度数值及有关规定的注写	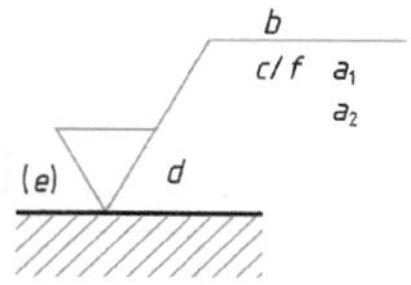 a_1、a_2——粗糙度高度的上、下限值； b——加工要求、镀覆、涂覆、表面处理或其他说明； c——取样长度（mm）或波纹度（μm）； d——加工纹理方向符号； e——加工余量（mm）； f——粗糙度间距参数值（mm）或轮廓支承长度率（%）	当需要表明除高度参数以外的其他规定时，可按上图规定形式为其标注。其中取样长度 c 一项，如取国家标准规定的与高度参数对应的长度数值时，可不标注
标注示例1	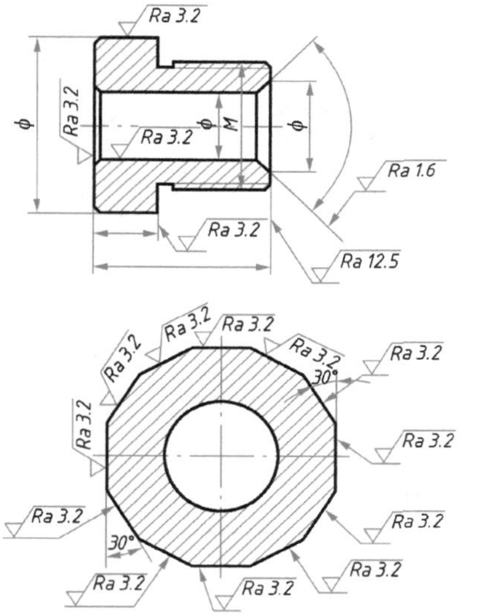	表面粗糙度代号中数字及符号的方向按标注示例规定标注，表面粗糙度符号的尖端必须指在轮廓线、尺寸界线或其延长线上
标注示例2	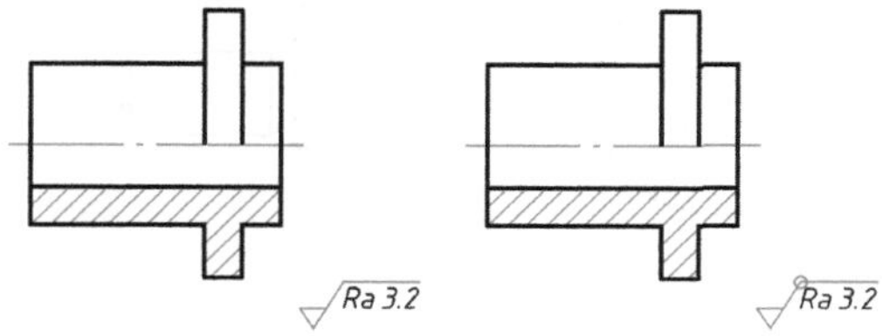	当零件的所有表面具有相同的粗糙度要求时，其符号、代号可在图样右下角统一标注
标注示例3	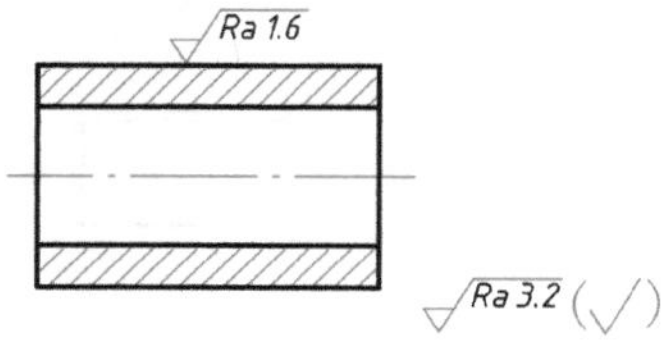	当零件的大部分表面具有相同的粗糙度要求时，对其中使用最多的一种代号可统一注写在图样右下角，代号后加括号和对号

内　容	图　　示	规 定 及 说 明
标注示例 4	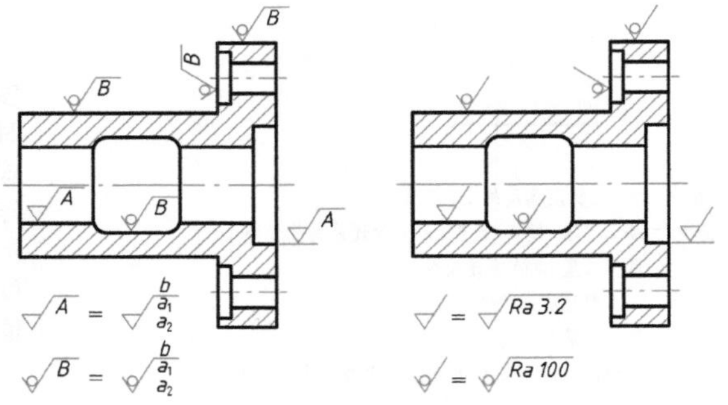	为了简化标注方法，或者标注位置受到限制时，可以标注简化代号，但必须在标题栏附近说明这些简化代号的意义
标注示例 5	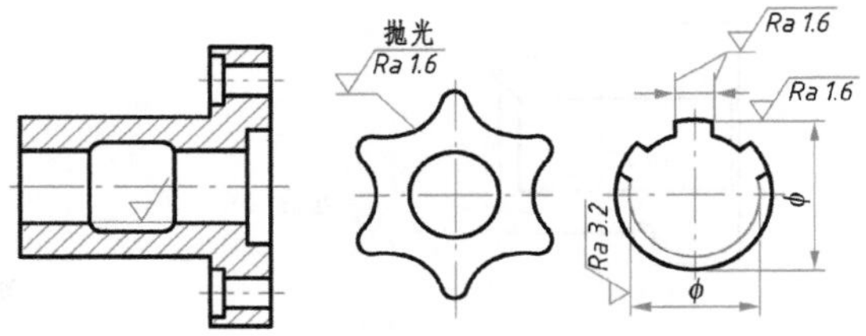	零件上的连续表面及重复要素（孔、槽、齿等）表面，以及用细实线连接不连续的同一表面，其表面粗糙度符号、代号只标注一次
标注示例 6	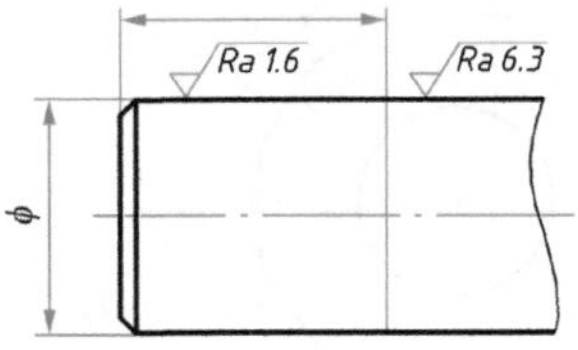	同一表面具有不同的表面粗糙度要求时，须用细实线画出其分界线，并指出相应的表面粗糙度代号和尺寸
标注示例 7	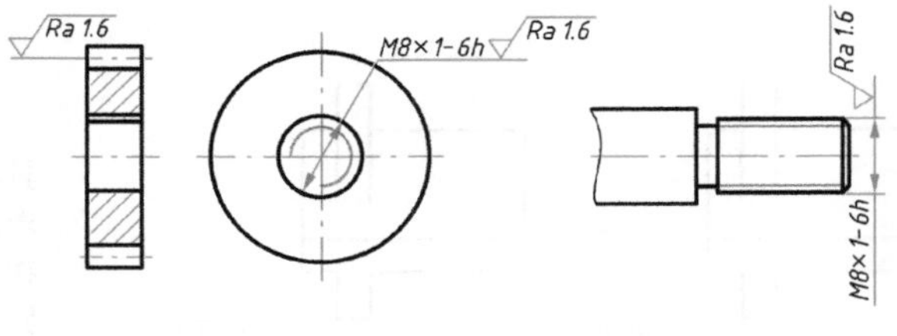	齿轮、螺纹等工作表面没有画出齿形时，其表面粗糙度代号可按图示形式标注
标注示例 8	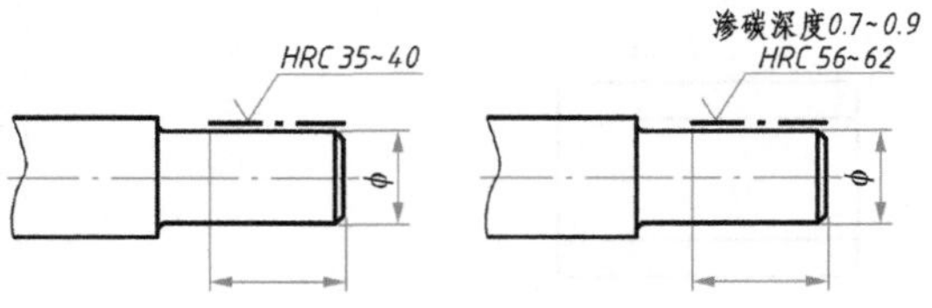	需要将零件局部热处理或局部镀（涂）覆时，应用粗点画线画出范围并标注相应的尺寸，也可将其要求注写在表面粗糙度符号长边的横线上

（续表）

内　容	图　　　示	规 定 及 说 明
标注示例 9	GB/T 4459.5-2×B3.15/8 Ra 6.3　Ra 3.2 Ra 3.2 R Ra 3.2　Ra 3.2 C2	中心孔、键槽、圆角、倒角的表面粗糙度代号简化标注
标注示例 10	Ra 3.2　Ra 1.6　Ra 6.3 Ra 3.2	圆柱和棱柱表面的表面结构要求只标注一次。如果每个棱柱表面有不同的表面结构要求,则应分别单独标注
标注示例 11	Rz 12.5　Rz 6.3 Ra 1.6　Ra 1.6 Rz 12.5　Rz 6.3	两相邻表面具有相同的表面结构要求时,可用带箭头的公共指引线引出标注
标注示例 12	铣 Rz 3.2　车 Rz 3.2 φ28	① 当从表面的轮廓内引出标注时,应将指引线的箭头改为黑点 ② 指明表面加工方法时,应在完整图形符号的横线上方注明
标注示例 13	φ120 H7　Rz 12.5 φ120 H6　Rz 6.3	在不致引起误解时,表面结构要求可以标注在装配结构给定的尺寸线上
标注示例 14	Ra 1.6　Ra 6.3 φ10±0.1 □ 0.1　⊕ φ0.2 A B	表面结构要求标注在几何公差框格的上方

二、尺寸公差与配合

1. 尺寸公差的概念

从一批相同的零件中任取一个，不经过任何修配就能装到机器（或部件）上，并能保证使用性能的要求，零件的这种性质称为互换性。零件具有互换性，对于机械工业现代化协作生产、专业化生产和提高劳动效率，提供了重要保证。

零件的尺寸是保证零件互换性的重要几何参数，为了使零件具有互换性，并不要求零件的尺寸加工得绝对准确，而是允许零件尺寸有一个变动量，这个允许的尺寸误差变动量称为尺寸公差。有关常用术语（图 6 - 13）如下：

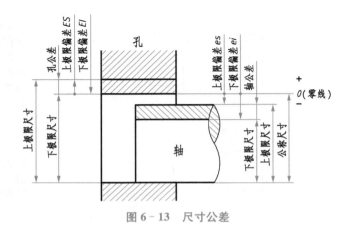

图 6 - 13 尺寸公差

公称尺寸：设计给定的尺寸。

极限尺寸：允许尺寸变化的两个界线值，它以公称尺寸为基数来确定，分为上极限尺寸和下极限尺寸。

实际尺寸：通过测量零件所得的尺寸。

尺寸偏差：某一尺寸（实际尺寸、极限尺寸）减去公称尺寸所得的代数差。

极限偏差：国家标准规定，孔的上极限偏差用 ES 表示，下极限偏差用 EI 表示；轴的上极限偏差用 es 表示，下极限偏差用 ei 表示，即

$$上极限偏差＝上极限尺寸－公称尺寸$$
$$下极限偏差＝下极限尺寸－公称尺寸$$

尺寸公差（简称公差）：允许尺寸的变动量。公差等于上极限尺寸减下极限尺寸，也等于上极限偏差减下极限偏差，即

$$公差＝上极限尺寸－下极限尺寸＝上极限偏差－下极限偏差$$

零线：在公差带图中，确定偏差的一条基准直线；零线常表示公称尺寸。

尺寸公差带（简称公差带）：在公差带图中，由代表上、下极限偏差的两条直线所限定的一个区域。它是由公差大小（标准公差）和其相对零线的位置（基本偏差）来确

定,如图 6-14 所示。

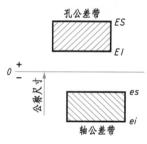

图 6-14　孔、轴公差带图

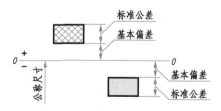

图 6-15　标准公差与基本偏差

2. 标准公差与基本偏差

国家标准规定,公差带由标准公差和基本偏差组成。标准公差确定公差带的大小,基本偏差确定公差带的位置,如图 6-15 所示。

1) 标准公差

标准公差是标准所列的、用以确定公差带大小的任一公差。标准公差分为 IT01、IT0、IT1、IT2、…、IT18 共 20 个等级。IT01 公差值最小,IT18 公差值最大。标准公差反映了尺寸的精确程度,其值可从国家标准和相应的手册中查得。常用公称尺寸 500 mm 以内的各级公差的数值可查阅表 6-4。

表 6-4　标准公差数值(摘自 GB/T 1800.2—2009)

公称尺寸 (mm)		标 准 公 差 等 级																	
大于	至	IT1	IT2	IT3	IT4	IT5	IT6	IT7	IT8	IT9	IT10	IT11	IT12	IT13	IT14	IT15	IT16	IT17	IT18
		(μm)											(mm)						
—	3	0.8	1.2	2	3	4	6	10	14	25	40	60	0.1	0.14	0.25	0.4	0.6	1	1.4
3	6	1	1.5	2.5	4	5	8	12	18	30	48	75	0.12	0.18	0.3	0.48	0.75	1.2	1.8
6	10	1	1.5	2.5	4	6	9	15	22	36	58	90	0.15	0.22	0.36	0.58	0.9	1.5	2.2
10	18	1.2	2	3	5	8	11	18	27	43	70	110	0.18	0.27	0.43	0.7	1.1	1.8	2.7
18	30	1.5	2.5	4	6	9	13	21	33	52	84	130	0.21	0.33	0.52	0.84	1.3	2.1	3.3
30	50	1.5	2.5	4	7	11	16	25	39	62	100	160	0.25	0.39	0.62	1	1.6	2.5	3.9
50	80	2	3	5	8	13	19	30	46	74	120	190	0.3	0.46	0.74	1.2	1.9	3	5.6
80	120	2.5	4	6	10	15	22	35	54	87	140	220	0.35	0.54	0.87	1.4	2.2	3.5	5.4
120	180	3.5	5	8	12	18	25	40	63	100	160	250	0.4	0.63	1	1.6	2.5	4	6.3
180	250	5.5	7	10	14	20	29	46	72	115	185	290	0.46	0.72	1.15	1.85	2.9	5.6	7.2
250	315	6	8	12	16	23	32	52	81	130	210	320	0.52	0.81	1.3	2.1	3.2	5.2	8.1
315	400	7	9	13	18	25	36	57	89	140	230	360	0.57	0.89	1.4	2.3	3.6	5.7	8.9
400	500	8	10	15	20	27	40	63	97	155	250	400	0.63	0.97	1.55	2.5	4	6.3	9.7
500	630	9	11	16	22	32	44	70	110	175	280	440	0.7	1.1	1.75	2.8	5.4	7	11

2）基本偏差（GB/T 1800.1—2009）

基本偏差是标准所列的、用以确定公差带相对零线的上极限偏差或下极限偏差，一般为靠近零线的那个偏差。如图 6－16 所示，孔和轴的基本偏差系列共有 28 种，大写为孔、小写为轴。当公差带在零线的上方时，基本偏差为下偏差，反之则为上偏差，其值可从国家标准和相应的手册中查得。

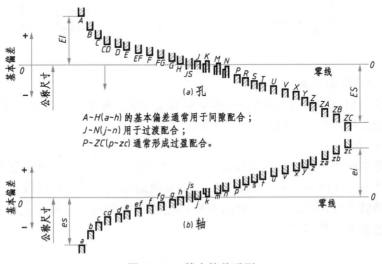

A~H(a~h)的基本偏差通常用于间隙配合；
J~N(j~n)用于过渡配合；
P~ZC(p~zc)通常形成过盈配合。

图 6－16　基本偏差系列

特别指出，孔的基本偏差代号为 H 时，其下极限偏差为零，孔的下极限尺寸为公称尺寸；轴的基本偏差代号为 h 时，其上极限偏差为零，轴的上极限尺寸为公称尺寸。优先选用的轴的极限偏差（摘自 GB/T 1800.2—2009）见表 6－5，优先选用的孔的极限偏差（摘自 GB/T 1800.2—2009）见表 6－6。

表 6－5　优先选用的轴的极限偏差　　　　　　　　　　　　　　（μm）

公称尺寸 (mm)		公　差　带											
大于	至	c	d	f	g	h				k	n	p	s	u
		11	9	7	6	6	7	9	11	6	6	6	6	6
—	3	−60 −120	−20 −45	−6 −16	−2 −8	0 −6	0 −10	0 −25	0 −60	+6 0	+10 +4	+12 +6	+20 +14	+24 +18
3	6	−70 −145	−30 −60	−10 −22	−4 −12	0 −8	0 −12	0 −30	0 −75	+9 +1	+16 +8	+20 +12	+27 +19	+31 +23
6	10	−80 −170	−40 −76	−13 −28	−5 −12	0 −9	0 −15	0 −36	0 −90	+10 +1	+19 +10	+24 +15	+32 +23	+37 +28
10	14	−95 −205	−50 −93	−16 −34	−6 −17	0 −11	0 −18	0 −43	0 −110	+12 +1	+23 +12	+29 +18	+39 +28	+44 +33
14	18													

（续表）

公称尺寸(mm)		公 差 带											
		c	d	f	g	h				k	n	p	s	u
大于	至	11	9	7	6	6	7	9	11	6	6	6	6	6
18	24	−110 / −240	−65 / −117	−20 / −41	−7 / −20	0 / −13	0 / −21	0 / −52	0 / −130	+15 / +2	+28 / +15	+35 / +22	+48 / +35	+54 / +41
24	30	−110 / −240	−65 / −117	−20 / −41	−7 / −20	0 / −13	0 / −21	0 / −52	0 / −130	+15 / +2	+28 / +15	+35 / +22	+48 / +35	+61 / +48
30	40	−120 / −280	−80 / −140	−25 / −50	−9 / −25	0 / −16	0 / −25	0 / −62	0 / −160	+18 / +2	+33 / +17	+42 / +26	+59 / +43	+76 / +60
40	50	−130 / −290	−80 / −140	−25 / −50	−9 / −25	0 / −16	0 / −25	0 / −62	0 / −160	+18 / +2	+33 / +17	+42 / +26	+59 / +43	+86 / +70
50	65	−140 / −300	−100 / −174	−30 / −60	−10 / −29	0 / −19	0 / −30	0 / −74	0 / −190	+21 / +2	+39 / +20	+51 / +32	+72 / +53	+106 / +87
65	80	−150 / −340	−100 / −174	−30 / −60	−10 / −29	0 / −19	0 / −30	0 / −74	0 / −190	+21 / +2	+39 / +20	+51 / +32	+78 / +59	+121 / +102
80	100	−170 / −390	−120 / −207	−36 / −71	−12 / −34	0 / −22	0 / −35	0 / −87	0 / −220	+25 / +3	+45 / +23	+59 / +37	+93 / +71	+146 / +124
100	120	−180 / −400	−120 / −207	−36 / −71	−12 / −34	0 / −22	0 / −35	0 / −87	0 / −220	+25 / +3	+45 / +23	+59 / +37	+101 / +79	+166 / +144
120	140	−200 / −450	−145 / −245	−43 / −83	−14 / −39	0 / −25	0 / −40	0 / −100	0 / −250	+28 / +3	+52 / +27	+68 / +43	+117 / +92	+195 / +170
140	160	−210 / −460	−145 / −245	−43 / −83	−14 / −39	0 / −25	0 / −40	0 / −100	0 / −250	+28 / +3	+52 / +27	+68 / +43	+125 / +100	+215 / +190
160	180	−230 / −480	−145 / −245	−43 / −83	−14 / −39	0 / −25	0 / −40	0 / −100	0 / −250	+28 / +3	+52 / +27	+68 / +43	+133 / +108	+235 / +210
180	200	−240 / −530	−170 / −285	−50 / −96	−15 / −44	0 / −29	0 / −46	0 / −115	0 / −290	+33 / −4	+60 / +31	+79 / +50	+151 / +122	+265 / +236
200	225	−260 / −550	−170 / −285	−50 / −96	−15 / −44	0 / −29	0 / −46	0 / −115	0 / −290	+33 / −4	+60 / +31	+79 / +50	+159 / +130	+287 / +258
225	250	−280 / −570	−170 / −285	−50 / −96	−15 / −44	0 / −29	0 / −46	0 / −115	0 / −290	+33 / −4	+60 / +31	+79 / +50	+169 / +140	+313 / +284
250	280	−300 / −650	−190 / −320	−56 / −108	−17 / −49	0 / −32	0 / −52	0 / −130	0 / −320	+36 / +4	+66 / +34	+88 / +56	+190 / +158	+347 / +315

表6-6　优先选用的孔的极限偏差　　　　　　　　　　　　（μm）

公称尺寸(mm)		公 差 带												
		C	D	F	G	H				K	N	P	S	U
大于	至	11	9	8	7	7	8	9	11	7	7	7	7	7
—	3	+120 +60	+45 +20	+20 +6	+12 +2	+10 0	+14 0	+25 0	+60 0	0 −10	−4 −14	−6 −16	−14 −24	−18 −28
3	6	+145 +70	+60 +30	+28 +10	+16 +4	+12 0	+18 0	+30 +0	+75 +0	+3 −9	−4 −16	−8 −20	−15 −27	−19 −31
6	10	+170 +80	+76 +40	+35 +13	+20 +5	+15 0	+22 0	+36 0	+90 0	+5 −10	−4 −19	−9 −24	−17 −32	−22 −37
10	14	+205 +95	+93 +50	+43 +16	+24 +6	+18 0	+27 0	+43 0	+110 0	+6 −12	−5 −23	−11 −29	−21 −39	−26 −44
14	18													
18	24	+240 +110	+117 +65	+53 +20	+28 +7	+21 0	+33 0	+52 0	+130 0	+6 −15	−7 −28	−14 −35	−27 −48	−33 −54
24	30													−40 −61
30	40	+280 +120	+142 +80	+64 +25	+34 +9	+25 0	+39 0	+62 0	+160 0	+7 −18	−8 −33	−17 −42	−34 −59	−51 −76
40	50	+290 +130												−61 −86
50	65	+330 +140	−174 −100	+76 +30	+40 +10	+30 0	+46 0	+74 0	+190 0	+9 −21	−9 −39	−21 −51	−42 −72	−76 −106
65	80	+340 +150											−48 −78	−91 −121
80	100	+390 +170	+207 +120	+90 +36	+47 +12	+35 0	−54 0	+87 0	+220 0	+10 −25	−10 −45	−24 −59	−58 −93	−111 −146
100	120	+400 +180											−66 −101	−131 −166
120	140	+450 +200	+245 +145	−106 +43	+54 +14	+40 0	−63 0	+100 0	+250 0	+12 −28	−12 −52	−28 −68	−77 −117	−155 −195
140	160	+460 +210											−85 −125	−175 −215
160	180	+480 +230											−93 −133	−195 −235

(续表)

公称尺寸 (mm)		公 差 带												
大于	至	C	D	F	G	H				K	N	P	S	U
		11	9	8	7	7	8	9	11	7	7	7	7	7
180	200	+530 +240											−105 −151	−219 −265
200	225	+550 +260	+285 +170	−122 +50	+61 +15	+46 0	−72 0	+115 0	+290 0	+13 −33	−14 −60	−33 −79	−113 −159	−241 −287
225	250	+570 +280											−123 −169	−267 −313
250	280	+620 +300	+320 +190	−137 +56	+69 +17	+52 0	−81 0	+130 0	+320 0	+16 −36	−14 −66	−36 −8	−138 −190	−295 −347

3）尺寸公差组成

轴和孔的尺寸公差带代号组成如图 6 - 17 所示。

图 6 - 17 尺寸公差带代号

3. 配合

公称尺寸相同的、两个相互结合的孔和轴公差带之间的关系称为配合（图 6 - 18）。

图 6 - 18 孔和轴的配合

1）配合类型

根据使用要求不同，国家标准规定配合分为间隙配合、过盈配合和过渡配合三类。

（1）间隙配合。即孔与轴配合时具有间隙（包括最小间隙等于零）的配合，如图 6 - 19a 所示。由图 6 - 19b、c 可见，间隙配合孔的公差带在轴的公差带之上。

（2）过盈配合。即具有过盈（包括最小过盈等于零）的配合，如图 6 - 20a 所示。由图 6 - 20b、c 可见，过盈配合孔的公差带在轴的公差带之下。

（3）过渡配合。即可能具有间隙或过盈的配合，如图 6 - 21a 所示。由图 6 - 21b、c、d 可见，过渡配合孔的公差带与轴的公差带相互交叠。

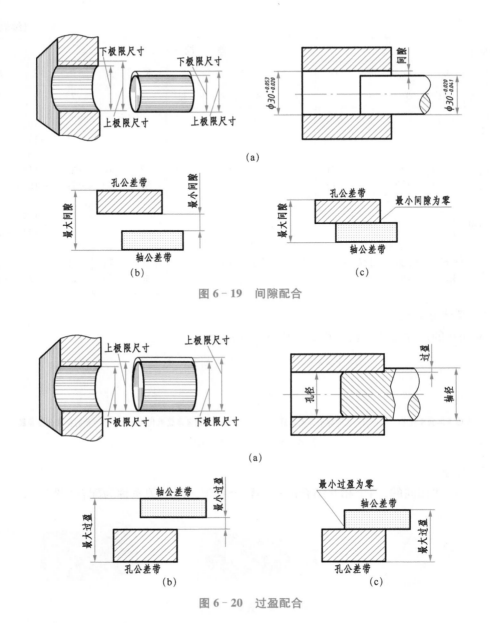

图 6-19　间隙配合

图 6-20　过盈配合

在孔和轴的 28 个基本偏差中，A～H(a～h)用于间隙配合；P～ZC(p～zc)用于过盈配合；J～N(j～n)用于过渡配合。

2）配合制度

为便于选择配合，减少零件加工的专用刀具和量具，国家标准对配合规定了两种基准制。

（1）基孔制。即基本偏差为一定的孔的公差带，与不同基本偏差的轴的公差带形成各种配合的一种制度，如图 6-22 所示。基准孔的下极限偏差为零，并用代号 H 表示。

（2）基轴制。即基本偏差为一定的轴的公差带，与不同基本偏差的孔的公差带形成各种配合的一种制度,如图 6-23 所示。基准轴的上极限偏差为零,并用代号 h 表示。

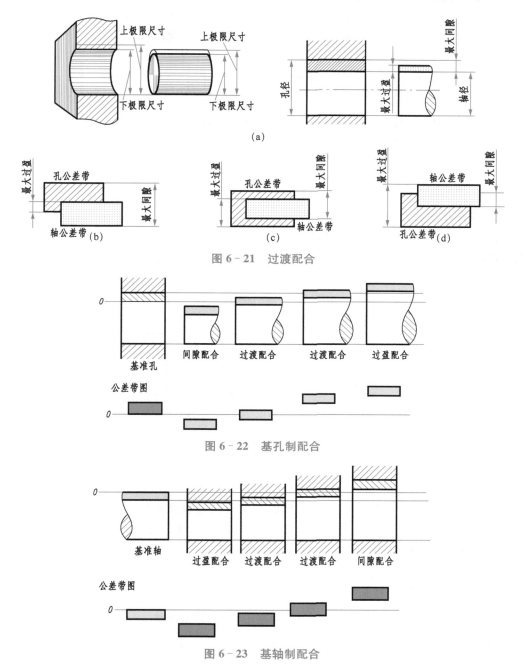

图 6-21 过渡配合

图 6-22 基孔制配合

图 6-23 基轴制配合

4. 公差与配合的标注

1) 零件图中尺寸公差的标注

零件图中尺寸公差有三种标注形式:

(1) 只注写上、下偏差值,上、下偏差字高为尺寸数字高度的 2/3,且下偏差的数字与

基本尺寸数字在同一水平线上,如图 6-24a 所示;

(2) 既注公差带代号,又注上、下偏差值,但偏差值要加括号,如图 6-24b 所示;

(3) 只注公差带代号(由基本偏差代号与标准公差等级组成),如图 6-24c 所示。

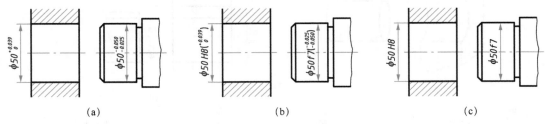

图 6-24 零件图中尺寸公差的注法

2) 装配图中极限与配合的标注

在装配图上标注极限与配合时,一般采用配合代号,代号必须在公称尺寸的右边,用分数形式注出,分子为孔的公差带代号,分母为轴的公差带代号,其标注形式如图 6-25 所示。

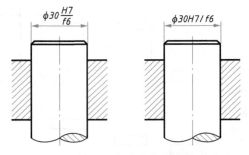

图 6-25 装配图中配合代号的标注方法

三、几何公差

零件加工时不但尺寸有误差,几何形状和相对位置也会有误差。为了满足使用和装配要求,零件的几何形状和相对位置由几何公差来保证,所以几何公差与表面粗糙度、尺寸公差一样,也是评价产品质量的一项重要技术指标。

1. 几何公差各项目符号

几何公差各项目符号见表 6-7。

表 6-7 几何公差各项目符号(摘自 GB/T 1182—2018)

公差类型	几何特征	符 号	有无基准	公差类型	几何特征	符 号	有无基准
形状公差	直线度	——	无	形状公差	圆柱度	⌭	无
	平面度	▱	无		线轮廓度	⌒	无
	圆度	○	无		面轮廓度	⌓	无

（续表）

公差类型	几何特征	符　号	有无基准	公差类型	几何特征	符　号	有无基准
跳动公差	圆跳动	↗	有	位置公差	同心度（用于中心点）	◎	有
	全跳动	↗↗	有		同轴度（用于轴线）	◎	有
方向公差	平行度	∥	有		对称度	⹀	有
	垂直度	⊥	有		位置度	⊕	有
	倾斜度	∠	有	方向公差/位置公差	线轮廓度	⌒	有
					面轮廓度	⌓	有

　　几何公差框格及指引线用细实线绘制。几何公差框格由两格或多格组成,框格中的主要内容从左到右按以下次序填写:公差项目符号、公差值、基准字母,如图6-26a所示。基准字母应与图样中的尺寸数字等高,且一律水平书写,如图6-26b所示。

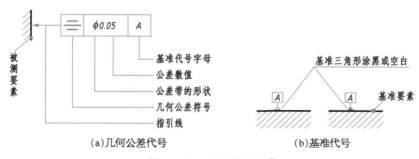

(a)几何公差代号　　　　　　　　(b)基准代号

图6-26　几何公差组成

2. 几何公差的标注

几何公差的标注见表6-8。

表6-8　几何公差的标注

序　号	注　法　示　例	说　　明
1	∥ 0.2	指引线的箭头应垂直指向被测要素的轮廓线或其延长线上;基准符号的连线必须与基准要素垂直

序　号	注　法　示　例	说　　明
2	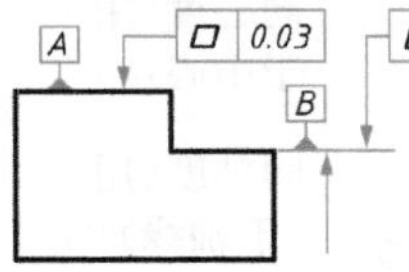	被测要素或基准要素为轮廓要素时，指引线的箭头要指向被测要素的轮廓线或其延长线上，基准符号应靠近该基准要素的轮廓线或其延长线画出
3	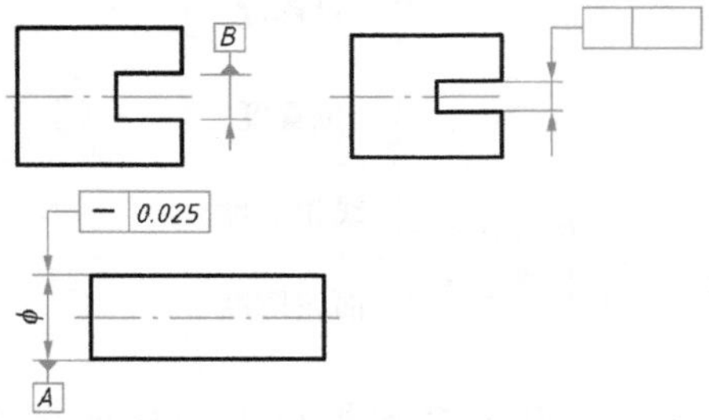	被测要素或基准要素为轴线、中心平面时，指引线的箭头或基准符号应与该要素的尺寸线对齐，否则应明显错开
4	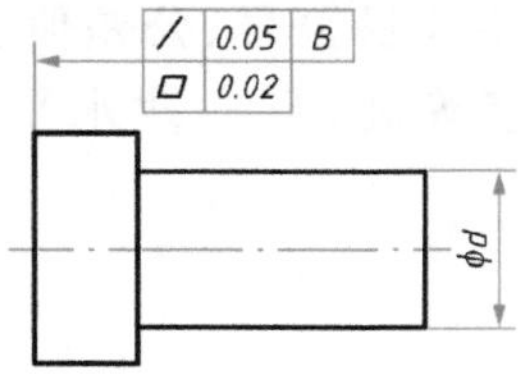	同一要素有多项公差要求时，可将公差上、下叠放在一起
5	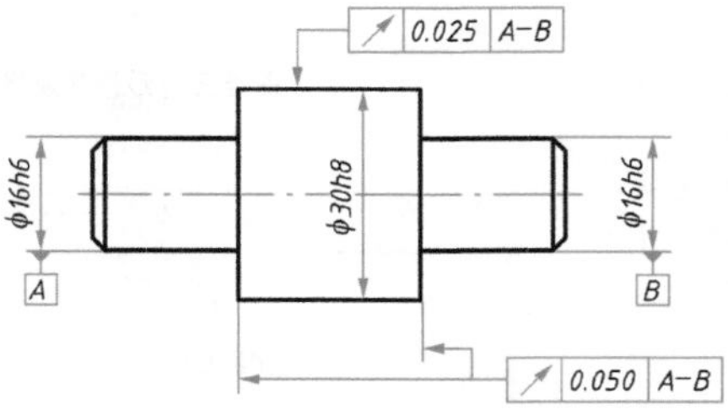	当被测要素有相同的几何公差要求时，可从指引线上绘制多个指引线箭头，分别指向被测要素
6	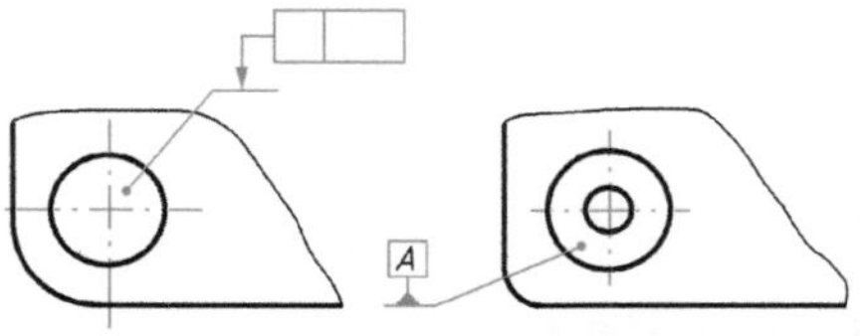	当被测要素或基准要素的投影为面时的标注

3. 几何公差的识读

以图 6 - 27 活塞杆为例，图中所注几何公差的含义说明如下：

$\text{⌭}\ \boxed{0.005}$　　表示 ϕ32f7 圆柱面的圆柱度公差值为 0.005 mm。

$\text{◎}\ \boxed{\phi0.1\ |\ A}$　表示 M12×1 的螺孔轴线对 ϕ24 轴线的同轴度公差值为 ϕ0.1 mm。

$\text{↗}\ \boxed{0.1\ |\ A}$　表示 ϕ24 端面对 ϕ24 轴线的端面圆跳动公差值为 0.1 mm。

$\perp\ \boxed{0.025\ |\ A}$　表示 ϕ72 右端面对 ϕ24 轴线的垂直度公差值为 0.025 mm。

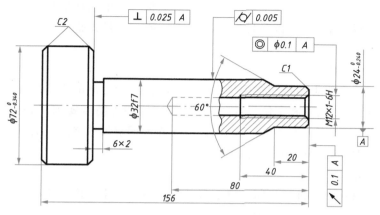

图 6‑27　几何公差标注示例

任务四　典型零件图的识读

 学习目标

1. 知道常见四类零件的结构特点及常用的表达方法、标注的特点。
2. 能识读简单结构轴套类、盘盖类、箱体类、叉架类零件的零件图。

零件图是制造和检验零件的依据，是反映零件结构、大小和技术要求的载体。识读零件图的目的，就是根据零件图想象零件的结构形状，了解零件的制造方法和技术要求。为了读懂零件图，最好能结合零件在机器或部件中的位置、功能以及与其他零件的装配关系来读图。

一、读图步骤

读零件图的一般步骤如下：

1. 读标题栏

从标题栏了解零件的名称、材料、比例等内容。从名称可判断零件属于哪一类，从材料可大致了解其加工方法，从绘图比例可估计零件的实际大小。必要时，要对照机器、部件实物或装配图，了解该零件在装配体中的位置和功用、与相关零件之间的装配关系等，从而对该零件有初步了解。

2. 分析表达方案

从主视图入手，联系其他视图，分析各视图之间的投影关系。运用形体分析法和结构分析法读懂零件各部分结构,想象出零件形状。看懂零件的结构形状是读零件图的重点,组合体的读图方法仍适用于读零件图。读图的一般顺序是先整体,后局部;先主体结构,后局部结构;先读懂简单部分,再分析复杂部分。

3. 分析尺寸和技术要求

分析尺寸,首先要弄清楚图样中零件的长、宽、高三个方向的主要尺寸基准,从基准出发查找各部分的定形尺寸和定位尺寸,并分析尺寸的加工精度要求。必要时还要联系机器或部件中与该零件有关的零件一起分析,以便深入理解尺寸之间的关系,以及所注的尺寸公差、几何公差和表面粗糙度等技术要求。

4. 综合归纳

通过以上分析,对零件的形状、结构、尺寸以及技术要求等内容进行综合归纳,对该零件形成比较完整的认识,达到读图的要求。

注意:读图过程中,上述步骤应穿插进行,而不是机械地割裂开来。

二、典型零件图识读

1. 轴套类零件图的识读

齿轮轴是齿轮减速器中的主动轴,是齿轮减速器的主要零件。齿轮减速器是由减速器座(箱体)、减速器盖、传动轴、齿轮、轴承盖等零件组成,如图6-28所示。

图6-29所示为齿轮减速器中齿轮轴的零件图。

(1) 结构分析。如图6-29所示的齿轮轴零件图,从标题栏可知,该零件叫作齿轮轴。它由几段不同直径的回转体组成,最大圆柱上制有轮齿,最右端圆柱上有一键槽,零件两端及轮齿两端有倒角,轴的C、D两端面处有砂轮越程槽。材料为45钢,最大直径为66 mm,总长为260 mm,属于较小的零件。

图6-28 齿轮减速器

(2) 表达分析。齿轮轴零件图(图6-29)的表达方案由主视图和移出断面图及局部放大图组成,轮齿部分做了局部剖。主视图(结合尺寸)已将齿轮轴的主要结构表达清楚,移出断面图用于表达键槽深度和宽度。

(3) 尺寸分析。齿轮轴中 $\phi40k6$ 轴段及 $\phi30r6$ 轴段分别用来安装滚动轴承及联轴器,径向尺寸的基准为齿轮轴的轴线。端面C用于安装挡油环及轴向定位,所以端面C为长度方向的主要尺寸基准,注出了尺寸2、10、85等。端面D为长度方向的第一辅助尺寸基准,注出了尺寸2、25。齿轮轴的右端面为长度方向尺寸的另一辅助基准,注出了尺寸8、59等。键槽长度39、齿轮宽度65等是轴向的重要尺寸,已直接注出。

(4) 技术要求。 $\phi40$ 及 $\phi30$ 的轴颈处有配合要求,尺寸精度较高,均为6级公差,相

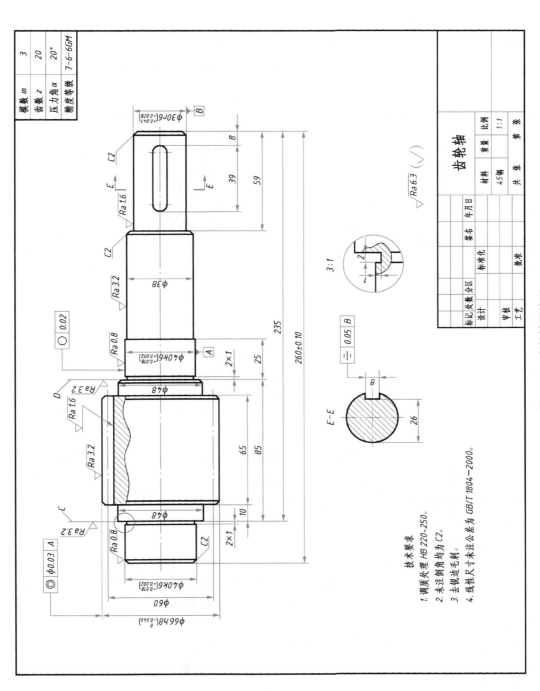

技术要求

1. 调质处理 HB 220-250。
2. 未注倒角均为 C2。
3. 去锐边毛刺。
4. 线性尺寸未注公差为 GB/T 1804—2000。

模数 m	3
齿数 z	20
压力角 α	20°
精度等级	7-6-6GM

齿轮轴		
	材料	比例
	45钢	1:1
	共 张	第 张

标记	处数	更改	分区		
设计					
审核		标准化			
工艺		批准			

$\sqrt{Ra\,6.3}$ ($\sqrt{}$)

图 6 - 29　齿轮轴零件图

应的表面粗糙度要求也较高,分别为 $Ra0.8$ 和 $Ra1.6$。对键槽提出了对称度要求。对热处理、倒角、未注尺寸公差等提出了四项文字说明要求。

2. 盘盖类零件图的识读

如图 6-30 所示为齿轮减速器中的轴承端盖零件图。

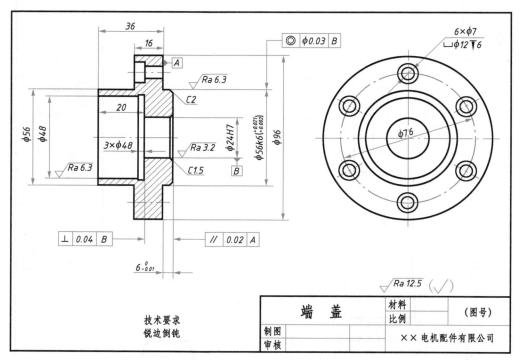

图 6-30 轴承端盖

(1) 结构分析。轴承端盖零件的基本形体为同轴回转体,结构可分成圆柱筒和圆盘两部分,其轴向尺寸比径向尺寸小。圆柱筒中有圆柱内孔(腔),圆柱筒的外圆柱面与轴承座孔相配合。圆盘上有六个圆柱沉孔,沿圆周均匀分布,其作用是装入螺纹紧固件、连接轴承端盖与箱体。圆盘中心的圆孔内有密封槽,用以安装毛毡密封圈,防止箱体内润滑油外泄和箱外杂物侵入箱体内。

(2) 表达分析。根据轴承端盖零件的结构特点,主视图沿轴线水平放置,符合工作位置原则。采用主、左两个基本视图表达。主视图采用全剖视图,主要表达端盖的圆柱筒、密封槽及圆盘的内部轴向结构和相对位置;左视图则主要表达轴承端盖的外形轮廓和六个均布圆柱沉孔的位置及分布情况。

(3) 尺寸分析。轴承端盖零件为回转体零件,其径向尺寸基准为轴线,注出 $\phi56$、$\phi48$ 等尺寸。在标注圆柱体的直径时一般都注在投影为非圆的视图上;轴向尺寸以右侧较大的端面为基准,注出 36、16、$6_{-0.01}^{0}$ 等尺寸。

(4) 技术要求。轴承端盖上注明的配合有一处:$\phi24H7$;左侧 $\phi48$ 孔底的端面对 $\phi24H7$ 孔的轴线有垂直度公差要求;$\phi56k6$ 外圆的轴线对 $\phi24H7$ 孔的轴线有同轴度公差要求;右侧较大的端面相对于 A 面有平行度公差要求。零件图中还注明了一条技术要求:锐边倒钝。

通过以上分析可以看出,盘盖类零件一般选用 1～2 个基本视图,主视图按加工位置画出,并做剖视。尺寸标注比较简单,对结合面(工作面)的有关精度、表面结构和几何公差有比较严格的要求。

3. 箱体类零件图的识读

如图 6-31 所示为减速器箱盖的零件图。

(1) 结构分析。箱盖是减速器上的主要零件,它与箱体结合在一起,起到支撑齿轮轴及密封减速器的作用。箱盖上有凸台和轴承座孔,顶部还有视窗结构,用于观察箱盖内部的工作情况。箱盖上还有连接螺孔用于连接箱体。

(2) 表达分析。箱盖的表达采用三个基本视图和一个局部视图,主视图的选择符合箱盖的工作位置。主视图中采用了三个局部剖视,分别表达连接螺孔和视孔的结构。左视图是采用两个平行的剖切平面获得的全剖视图,主要表达两个轴孔的内部结构和两块肋板的形状。俯视图只画箱盖的外形,主要表达螺栓孔、锥销孔、视孔和肋板的分布情况,同时表达了箱盖的外形。

(3) 尺寸分析。该箱盖零件长度方向的主要基准为左侧的竖向中心线,以此来确定两轴孔中心距(70 ± 0.015)mm、箱盖左端面到中心线的距离 65 mm 等。左端面是长度方向的辅助基准,以此确定箱盖的总长 235 mm。宽度方向的尺寸基准为箱盖前后方向的对称面,箱盖的宽度 108 mm、内腔的宽度 41 mm、槽的定位尺寸 96 mm 等由此注出。

高度方向的尺寸基准为箱盖的底面,底板的高度 7 mm、凸台的高度 27 mm、箱盖的总高 70 mm 等由此注出。两轴孔 ϕ47H7 和 ϕ62H7 及其中心距(70 ± 0.015)mm,是加工和装配所需的重要尺寸,分别标有尺寸公差和几何公差。

(4) 技术要求。箱盖有配合要求的加工表面为两(半圆)轴孔,分别为 ϕ47H7 和 ϕ62H7,基孔制间隙配合,其表面粗糙度为 Ra1.6,两轴孔中心距(70 ± 0.015)mm。两个定位销孔与箱体同时钻铰,其表面粗糙度为 Ra3.2。箱盖底面与箱体上表面为接触面,其表面粗糙度为 Ra1.6。标题栏上方的技术要求,则用文字说明了零件的热处理要求、铸造圆角的尺寸,以及镗孔加工时的要求等。

4. 叉架类零件图的识读

如图 6-32 所示为拨叉的零件图。

(1) 结构分析。拨叉为运动件,起传动、连接、调节或制动作用;其结构比较复杂,形状不规则,有倾斜结构,其上常有肋板、轴孔、耳板、底板等结构。

(2) 表达分析。此零件多数由铸造或模锻制成毛坯,经机械加工由不同的工序完成,因此主视图按照工作位置确定,其主要轴线或平面平行或垂直于投影面;除主视图外,还用左视图配合表达其主要结构,用一个斜剖视图表达空心轴上圆孔的内部结构。

(3) 尺寸分析。长度、宽度、高度方向的主要基准一般为孔的中心线、轴线、对称平面和较大的加工平面。定位尺寸较多,一般要标注出孔中心线(或轴线)间的距离,或孔中心线(轴线)到平面的距离、平面到平面的距离。定形尺寸一般采用形体分析法标注尺寸,起

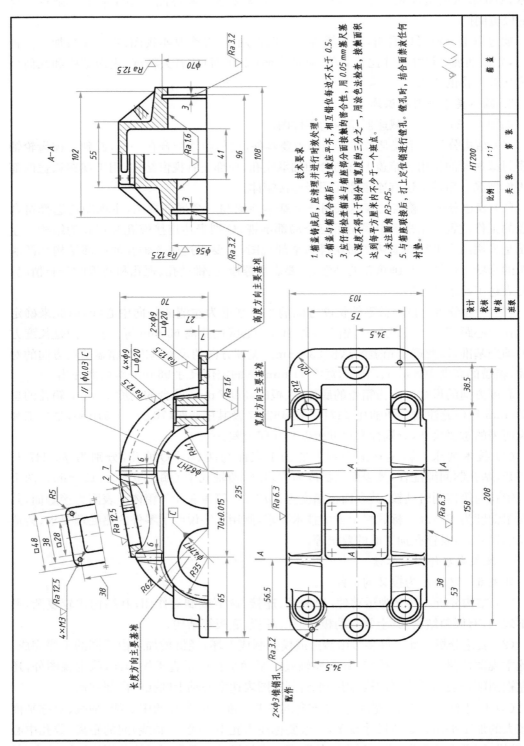

图 6 – 31 减速器箱盖

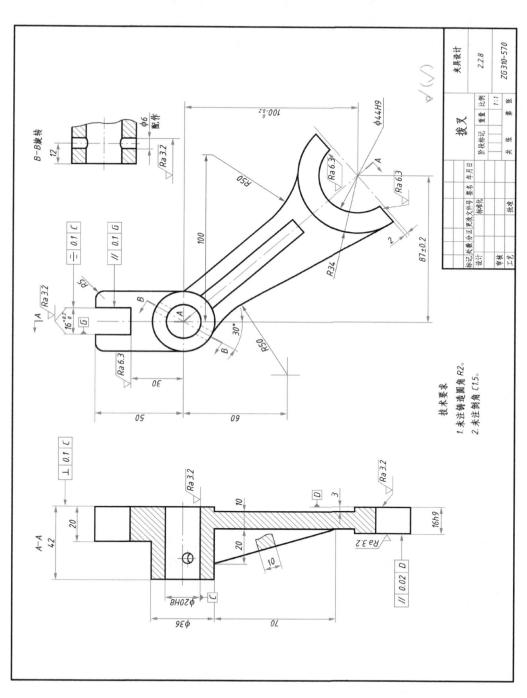

技术要求
1. 未注铸造圆角 R2。
2. 未注倒角 C1.5。

图 6-32 拨叉

模斜度、圆角也要标注出来。

（4）技术要求。叉架类零件的毛坯一般采用铸造和锻造得到，对于小尺寸的零件常采用铸钢的形式，这样能够获得比较高的强度。对于比较重要的加工表面，常有平行度、垂直度及对称度等要求，重要表面对应的表面粗糙度要求也较高，Ra 值一般为 $3.2~\mu m$。

通过上述方法和步骤进行读图，可对零件有全面的了解，但对某些比较复杂的零件，还须参考有关技术资料和相关的装配图，才能彻底读懂。读图的各个步骤也可视零件的具体情况，灵活运用，交叉进行。

任务五　　典型零件的测绘

学习目标

1. 知道零件测绘的方法与步骤。
2. 会正确选用常用测量工具测量零件的尺寸。
3. 能测绘简单零件的零件图。

根据已有的机器或部件进行拆卸、测量，并整理画出零件图的过程称为测绘。实际生产中，设计新产品时，有时需要测绘同类产品，供设计时参考；机器或设备维修时，如果某一零件损坏，在无备件又无图样的情况下，就需要测绘损坏的零件，画出其图样以满足修配时的需要。因此，测绘是工程技术人员必须掌握的一项重要的基本技能。

一、常用测量工具及测量方法

尺寸测量是测绘零件过程中的重要环节。常用的测量工具有金属直尺、外卡钳和内卡钳、游标卡尺以及螺纹样板、半径样板等。测量精密的零件时，还要用千分尺及其他工具。

常用测量方法如下。

1. 直线尺寸测量

直线尺寸一般用金属直尺测量，也可用三角板与金属直尺配合测量，如图 6-33a 所示。如果要求精确，则用游标卡尺测量，如图 6-33b 所示。

2. 回转面的直径测量

用外卡钳（图 6-34a）、内卡钳（图 6-34b）或游标卡尺（图 6-34c、d）测量回转面的外径或内径。

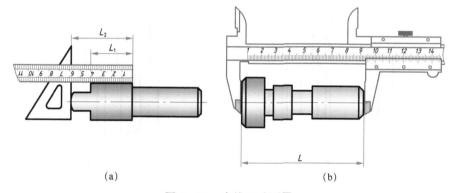

(a)　　　　　　　　　　　(b)

图 6-33　直线尺寸测量

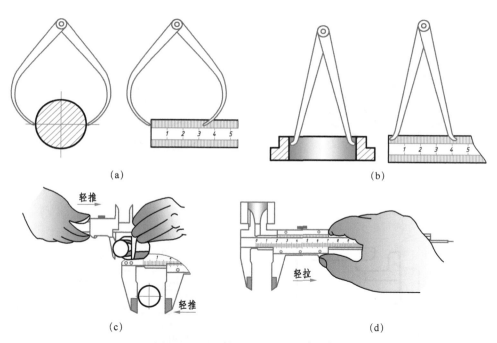

图 6-34　回转面的外径或内径测量

3. 壁厚测量

一般可用金属直尺测量,如图 6-35a 所示;孔径较小时,可用深度游标卡尺测量,如图 6-35b 所示。

4. 两孔中心距测量

可将内、外卡钳与金属直尺配合使用,如图 6-36 所示;或用游标卡尺测量。

5. 中心高测量

用卡钳与金属直尺配合测量,如图 6-37 所示。

6. 螺纹测绘

测绘螺纹的方法和步骤如下:

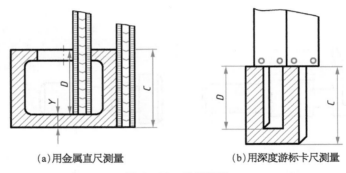

(a)用金属直尺测量　　　　　　(b)用深度游标卡尺测量

图 6-35　壁厚测量

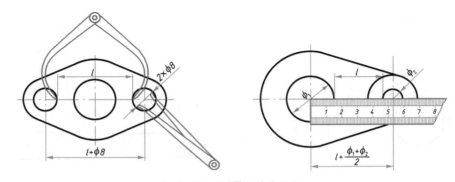

图 6-36　测量两孔中心距

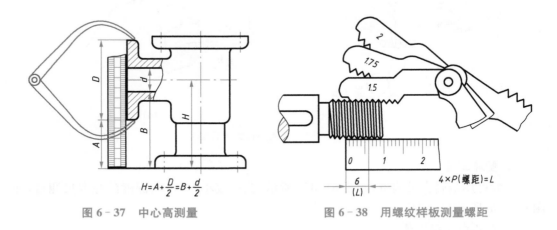

$$H=A+\frac{D}{2}=B+\frac{d}{2}$$

图 6-37　中心高测量　　　　　　图 6-38　用螺纹样板测量螺距

（1）目测螺纹的线数和旋向。

（2）测量大径。用游标卡尺量出螺纹大径，内螺纹的大径可通过与之旋合的外螺纹大径确定。

（3）测量螺距。螺距可用螺纹样板（又称螺纹规）测量。螺纹样板由刻有不同螺距数值的若干钢片组成，测量时选出与被测螺纹牙型完全吻合的某一钢片，读取该片上的数值即为实际螺距,如图 6-38 所示。如果没有螺纹样板,可采用压痕法,将螺纹放在白纸上压出一条螺距的线痕(线痕数不少于 10),如图 6-39 所示。用直尺量出 10 个螺距的长度 L,然后除以螺距的数量 10,即 $P' = L/10$。

图 6-39　用压痕法测量螺距

7. 齿轮测绘

测绘齿轮时,除轮齿部分外,其他部分的测量方法与一般零件相同。对于轮齿,主要是确定模数 m 和齿数 z,其余尺寸可通过计算得出。标准直齿圆柱齿轮轮齿部分的测量方法和步骤如下:

(1) 数出齿数 z。

(2) 量出齿顶圆直径 d_a。当齿轮的齿数为偶数时,d_a 可直接量出(图 6-40a);当齿轮的齿数为奇数时,$d_a = 2e + d$(图 6-40b)。

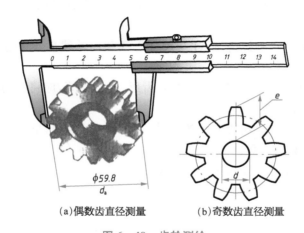

(a)偶数齿直径测量　　　(b)奇数齿直径测量

图 6-40　齿轮测绘

(3) 初算被测齿轮的模数:$m' = d_a/(z+2)$。

(4) 修正模数。在标准模数中选取相近(略大于初算模数)齿轮模数 m。

(5) 根据模数 m、齿数 z,计算出齿顶圆、齿根圆和分度圆的直径以及其他尺寸。

二、测绘步骤和注意事项

1. 测绘步骤

1) 了解和分析测绘对象

测绘前要对被测部件仔细观察和分析,并参照有关资料、说明书或同类产品的图样,以便对该部件的性能、用途、工作原理、功能结构特点以及部件中各零件间的装配关系等有如下概括了解:

(1) 了解该零件的名称和用途,鉴别该零件是用什么材料制成的。

(2) 对该零件的结构形状进行分析。

（3）对该零件进行必要的工艺分析。因为同一零件可用不同的加工顺序或加工方法制造，所以其结构形状的表达、基准的选择和尺寸的标注也不完全相同。

2）画零件草图和测量标注尺寸

通过上述分析，拟订该零件的表达方案，考虑确定零件的安放位置、主视图投射方向以及视图数量等。

3）画零件图

对零件草图经过仔细校对后绘制零件图。由于零件草图是现场（车间）测绘的，测绘时间不允许太久，所画零件草图的视图表达、尺寸标注、技术要求等方面的考虑不一定是最完善的，所以从零件草图到零件图不能简单地重复照抄。

2. 测绘注意事项

（1）零件的制造缺陷如砂眼、气孔、刀痕，以及长期使用所产生的磨损等，测绘时不应画出，应予以修正。

（2）零件上的工艺结构如铸造圆角、倒角、圆角、凸台、凹坑、退刀槽、越程槽以及中心孔等，都必须画出，不得省略。

（3）测量尺寸时应在画好视图、注全尺寸界线和尺寸线后集中进行。切忌每画一个尺寸线，便测量一个尺寸，填写一个尺寸数字。

（4）零件的标准结构要素如螺纹、键槽、齿形、中心孔等，应将测得的数值与相应标准核对，使尺寸符合标准系列。

（5）对相邻零件有配合功能要求的尺寸，基本尺寸只须测量一个。当测得的非配合尺寸为小数时，应圆整为整数。

【例 6 - 2】　测绘齿轮减速器的齿轮轴（图 6 - 41）。

图 6 - 41　齿轮轴

步骤如下：

（1）在图纸（建议用网格纸）上定出齿轮轴主视图的位置。以齿轮段为基准，取适当的比例布局，画出主视图的中心线，如图 6 - 42 所示。布图时要考虑在各视图之间预留标注尺寸的位置，并在右下角留出标题栏的位置。

（2）画出齿轮轴的外部结构形状，确定用几个视图来表达齿轮轴，对沟槽结构采用移出断面和局部放大图来表示，如图 6 - 43 所示。

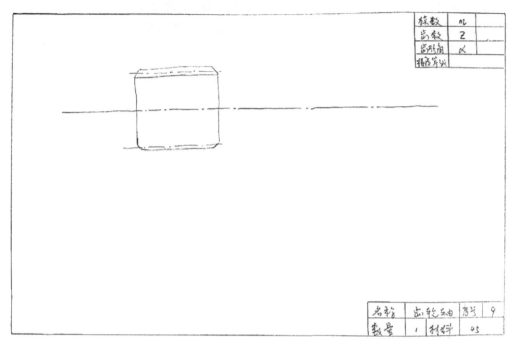

图 6‑42　齿轮轴草图的绘图步骤(一)

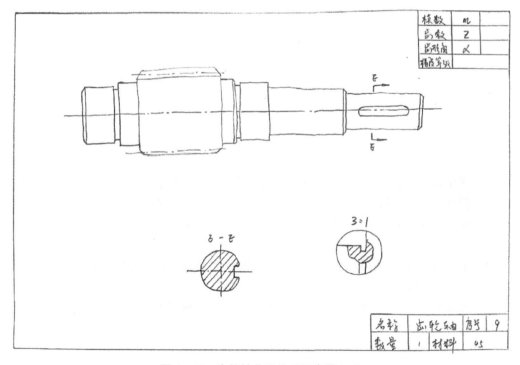

图 6‑43　齿轮轴草图的绘图步骤(二)

（3）选择尺寸基准，画出尺寸界线、尺寸线和箭头（注意尺寸齐全、不遗漏、不重复），经仔细校核后描深轮廓线和画剖面线。径向尺寸基准为轴的轴线，在标注轴的长度方向尺寸时应考虑长度方向的第一基准和第二基准，如图 6－44 所示。

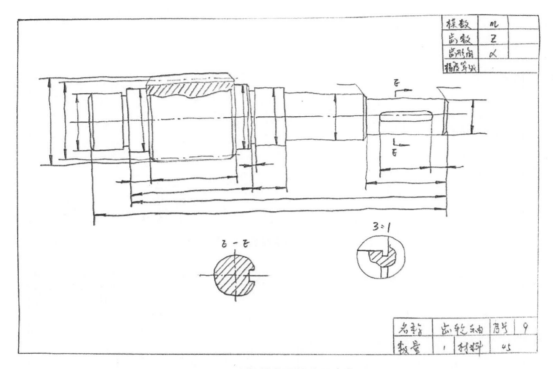

图 6－44　齿轮轴草图的绘图步骤（三）

（4）测量尺寸（测量工具和测量方法如前所述），标注尺寸数字，在主要轴段按加工要求确定合适的公差等级和配合要求，查表注写尺寸公差。并在主要加工表面按规定和经验确定相应的表面粗糙度值，轴颈处的公差等级和表面粗糙度要求最高，如图 6－45 所示。

（5）根据零件使用要求和加工要求，标注相应的几何公差及相关的技术要求和标题栏，如图 6－46 所示。

（6）画零件图。对零件草图经过仔细校对后进行，根据装配图和零件草图绘制零件图（图 6－29）。

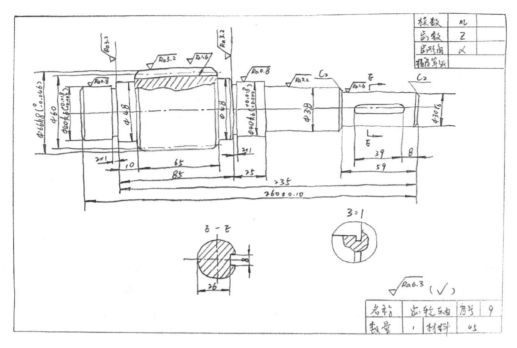

图 6-45 齿轮轴草图的绘图步骤(四)

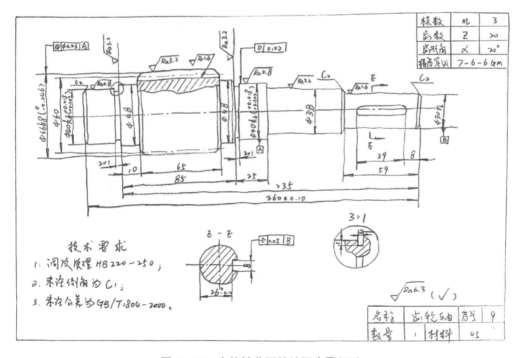

图 6-46 齿轮轴草图的绘图步骤(五)

任何一台机器（一个部件），都是由许多零件按一定的装配关系和技术要求装配而成的，如图7-1所示。装配图是用于表达机器（或部件）的零件间的相对位置、连接关系及其技术要求的图样。在机械设计和机械制造过程中，装配图是不可缺少的重要技术文件。

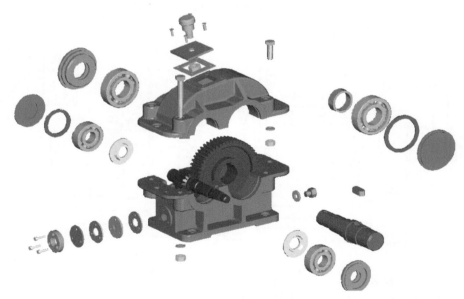

图7-1　减速器的装配

【拓展应用】

装配图表达机器或部件的工作原理及零件、部件间装配、连接关系，生活中有许多的装配，如儿童乐高玩具的装配（图7-2a）、家具的装配（图7-2b）。

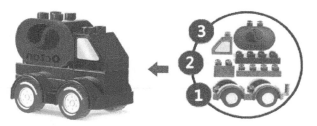

(a)乐高玩具的装配

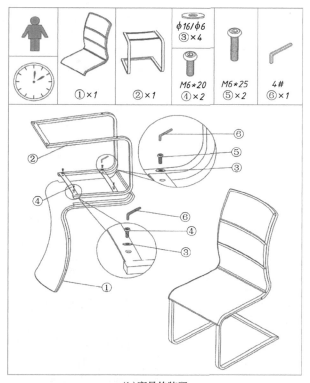

(b)家具的装配

图7-2　生活中的装配

任务一　　装配图概述

学习目标

1. 描述装配图的作用。
2. 说出装配图的主要内容及其作用。

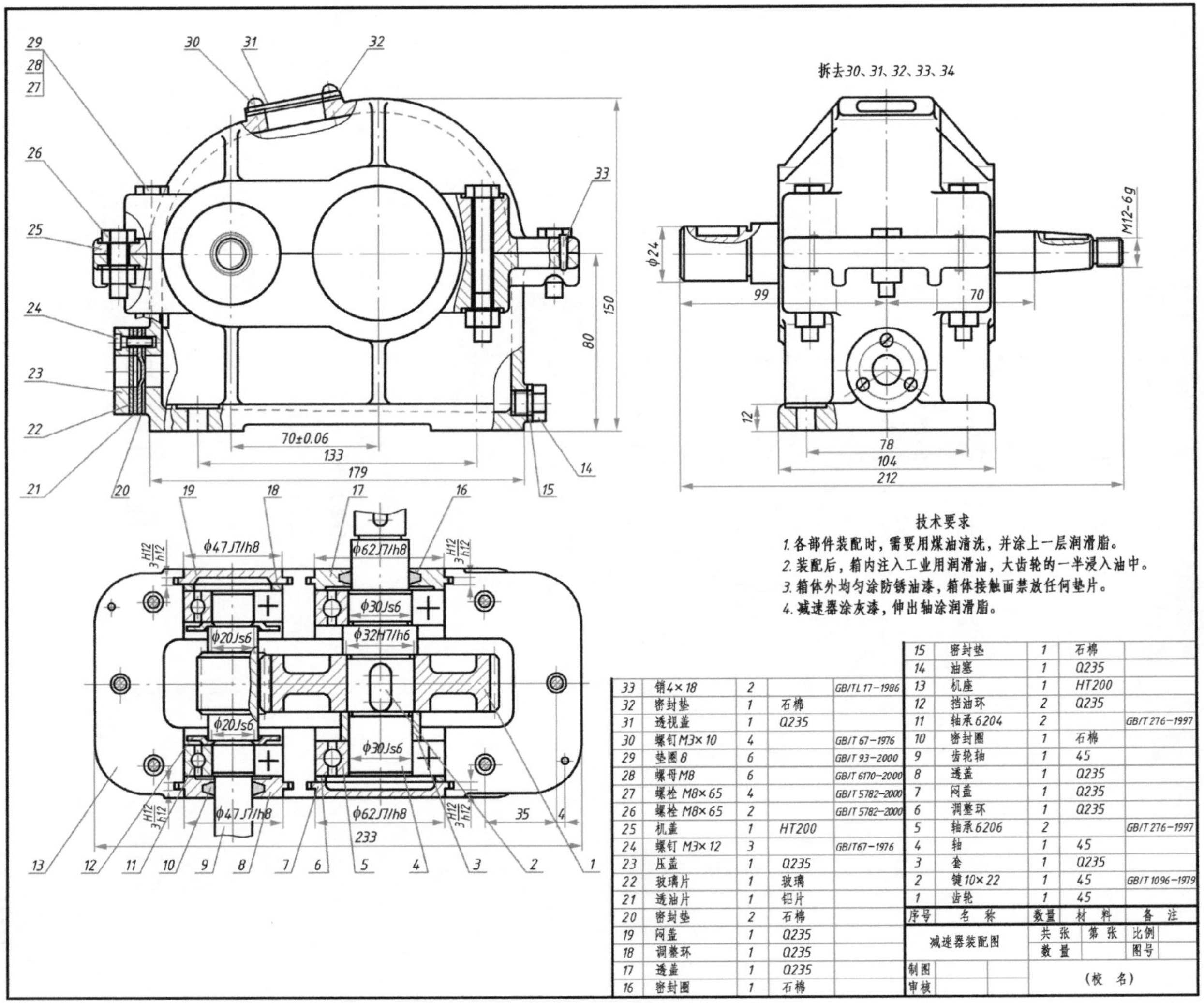

技术要求

1. 各部件装配时，需要用煤油清洗法，并涂上一层润滑油。
2. 装配后，箱内注入工业用润滑油，大齿轮的一半浸入油中。
3. 箱体外均匀涂防锈油漆，箱体接触面涂润滑脂。
4. 减速器涂装表面漆，伸出轴涂润滑脂。

15	密封垫	1	石棉		GB/T 276—1997
14	油塞	1	Q235		
13	油环	1	HT200		
12	挡油环	2	Q235		
11	轴承 6.204	2			GB/T 276—1997
10	密封圈	1	石棉		
9	齿轮轴	1	45		
8	减速箱	1	Q235		
7	闷盖	1	Q235		
6	轴承 6.206	1			GB/T 276—1997
5	挡圈	1	45		
4	套	1	Q235		
3	轴	1	45		
2	定位销	1	45		GB/T 1096—1979
1	键 10×22	1	45		
序号	名 称	数量	材 料	比例	备 注
	减速器装配图			图号	
制图				(校名)	
审核					

33	销 d×18	2		GB/T 17—1986
32	垫片垫	1	石棉	
31	透视盖	1	Q235	
30	螺钉 M3×10	4		GB/T 67—1976
29	垫片 B	6		GB/T 93—2000
28	螺钉 M8	6		GB/T 67N—2000
27	螺栓 M8×65	8		GB/T 5782—2000
26	螺栓 M8×65	2		GB/T 5782—2000
25	机盖	1	HT200	
24	螺钉 M3×12	3		GB/T 67—1976
23	压滤片	1	Q235	
22	玻璃片	1	玻璃	
21	透油片	1	铝片	
20	密封垫	2	石棉	
19	密封盖	1	Q235	
18	调整环	1	Q235	
17	透盖	1	Q235	
16	密封圈	1	石棉	

图 7-3　减速器装配图

一、装配图的作用

装配图主要反映机器(或部件)的工作原理、各零件之间的装配关系、主要零件的结构形状,是进行机器或部件装配、检验和安装时的技术依据。

在产品或部件的设计过程中,一般是先设计装配图,然后再根据装配图进行零件设计,画出零件图;在产品或部件的制造过程中,先根据零件图进行零件加工和检验,再依据装配图所制定的装配工艺规程将零件装配成机器或部件;在产品或部件的使用、维护及维修过程中,也经常要通过装配图来了解产品或部件的工作原理及构造特征。

二、装配图的内容

如图 7-3 所示为齿轮减速器装配图。一张完整的装配图应具有以下基本内容:

(1)一组图形。用一组图形正确、完整、清晰和简便地表达机器和部件的工作原理,零件之间的装配关系及主要零件的结构形状。

(2)必要的尺寸。用来表明机器或部件的性能、规格、外形大小以及检验、安装所必需的尺寸。

(3)技术要求。用文字或符号说明机器或部件在装配、检验、调试及使用等方面的规则和要求。

(4)零件序号、标题栏和明细栏。装配图中必须对每种零(部)件编号。标题栏注明机器或部件的名称、比例、数量及有关责任人的签名和日期;明细栏依次注写出各种零件的序号、数量、材料等内容。

三、装配图的技术要求

装配图的技术要求是指用文字或符号在装配图上,说明对机器或部件的装配、检验要求和使用方法等。装配图上的技术要求一般包括以下几点:

(1)对机器或部件在装配、调试和检验时的具体要求;

(2)关于机器性能指标方面的要求;

(3)有关机器安装、运输及使用方面的要求。

技术要求一般写在明细栏上方或图样左下方的空白处。

任务二　　　　装配图的表达

学习目标

辨认装配图的表达方法。

零件图的各种表达方法同样适用于装配图,但装配图是用来表达产品及其组成部分的连接、装配关系和主要零件的主要结构,所以,国家标准《机械制图》对画装配图提出了一些规定画法和特殊的表达方法。

一、装配图的规定画法

1. 零件间接触面、配合面的画法

两相邻零件的接触面或配合面,只画一条共有轮廓线。但当两相邻零件的基本尺寸不同时,即使间隙很小,也必须画出两条各自的轮廓线。如图7-4中,轴承与轴配合以及螺母与垫圈接触,只画一条轮廓线;键和齿轮之间,画两条轮廓线。

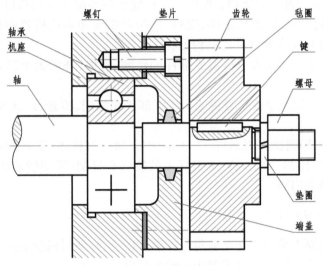

图7-4　装配图的规定画法

2. 剖面线的画法

在剖视图中,相邻两零件的剖面线方向应相反或者方向一致但间隔不同,如图7-4中机座和轴承的剖面线。

3. 螺纹紧固件及实心件的画法

对于螺纹紧固件以及实心轴、手柄、连杆、球、钩、键、销等零件,如果剖切平面通过其对称平面或轴线时,则这些零件均按不剖绘制,如图7-4中的轴、螺钉和螺母。

二、装配图的特殊表达方法

1. 拆卸画法

装配图中常有零件间互相重叠现象,即某些零件挡住了要表达的结构或装配关系。这时可假想将某些零件拆去后,再画出某一视图,或沿零件结合面进行剖切,这时结合面上不画剖面线,但剖切到的其他零件仍应画剖面线,如图7-5中的俯视图,沿轴承盖与轴承座的结合面剖开,拆去上面部分,以表达轴瓦与轴承座的装配情况。

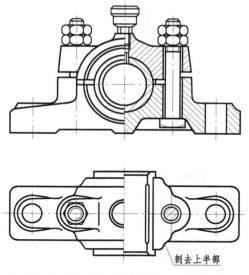

图 7-5 沿零件的结合面剖切和拆卸画法

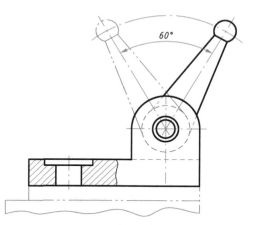

图 7-6 装配图的假想画法

2. 假想画法

与本装配体有关但不属于本装配体的相邻零部件,以及运动机件的极限位置,可用双点画线画出该运动件的外形轮廓,如图 7-6 所示。

3. 夸大画法

对于直径或厚度小于 2 mm 的较小零件或较小间隙如薄片零件、细丝弹簧等,若按它们的实际尺寸在装配图中很难画出或难以明显表示时,可不按比例而采用夸大画法,如图 7-4 中垫片画法。

4. 简化画法

装配图中的简化画法有如下几种:

(1) 对于装配图中较小的螺栓和螺母的头部,允许采用简化画法,如图 7-4 中螺栓和螺母头部的画法。

(2) 滚动轴承可在装配图中采用规定画法或简化画法,如图 7-4 中滚动轴承采用了规定画法。

(3) 装配图中,零件的工艺结构如圆角、倒角、退刀槽等均可以不画出,如图 7-4 中轴的圆角、倒角、退刀槽等均不画出。

(4) 相同的零件组(如螺纹、紧固件组等),允许详细地画出一处,其余各处以点画线表示其位置,如图 7-4 中螺钉的画法。

5. 展开画法

在传动机构中为了表示传动关系及各轴的装配关系,可假想用剖切平面按传动顺序沿各轴的轴线剖开,将其展开摊平后画在一个平面上(平行于某一投影面),如图 7-7 所示挂轮架装配图就是采用了展开画法。

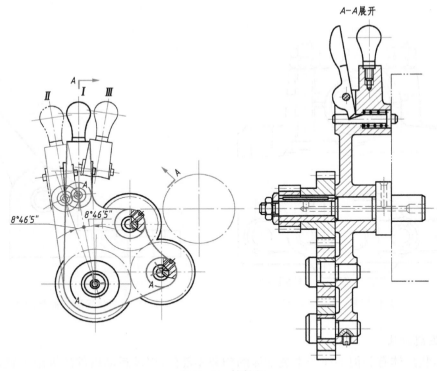

图 7-7 挂轮架

任务三　装配图的尺寸标注

 学习目标

1. 列举装配图标注尺寸的类型。
2. 说出装配图编写序号的方法。
3. 说出装配图编写明细栏的方法。
4. 能识读装配图的尺寸、序号及明细栏。

为了便于识读装配图,装配图中的尺寸标注、零件序号编写、零件明细栏和标题栏都有一定的标准。

一、装配图中的尺寸标注

装配图和零件图在生产中的作用不同,所以其标注尺寸的要求也不同。装配图中标注尺寸,不必把制造零件时所需的尺寸都标注出来,只须注出以下几类尺寸即可。

1. 性能(规格)尺寸

性能(规格)尺寸是表示机器或部件的性能、规格和特征的尺寸,它是了解和选用机器、部件时的依据,如图7-3中的从动轴外伸端直径ϕ24和主动轴外伸端尺寸M12-6g。

2. 装配尺寸

装配尺寸是表示机器或部件中零件间配合关系的尺寸,它包括配合尺寸和相对位置尺寸。

(1)配合尺寸。即表示两个零件间配合性质的尺寸,是装配时确定零件尺寸的依据,如图7-3中的轴与齿轮的配合尺寸ϕ32H7/h6、闷盖与机座的配合尺寸ϕ47J7/h8。

(2)相对位置尺寸。即表示装配机器时需要保证零件间较重要相对位置的尺寸,也是装配、调整时所需要的尺寸,如图7-3中两个定位销定位尺寸4。

3. 安装尺寸

安装尺寸是表示将机器或部件安装在地基上或与其他部件相连接时所需要的尺寸,如图7-3中的轴中心距(70±0.06)和底面到轴的中心高度80等。

4. 外形尺寸

外形尺寸是表示机器或部件外形轮廓的尺寸。即总长、总宽、总高,其反映了机器或部件的大小,是机器或部件在包装、运输和安装过程中确定其所占空间大小的依据,如图7-3中的减速器的总长233、总宽212、总高150等。

5. 其他重要尺寸

指不属于上述尺寸,但设计或装备时需要保证的尺寸,如图7-3中两个轴端到中心的尺寸99、70等。

二、装配图中的零件序号编写

为了便于识图、装配和图样管理,装配图中必须对每种零件进行编号,此编号叫零件序号。图样中零件序号编写的规定如下:

(1)原则上机器所有的零部件都必须编写序号。相同的零部件只用一个序号,且只标注一次。

(2)序号由圆点、指引线及数字组成,一般有三种形式,如图7-8所示。

(3)对于尺寸较小,不便于画出圆点的薄片零件,应用箭头指向该零件,如图7-9中序号3所示。

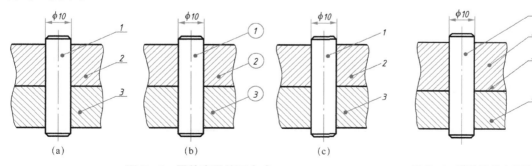

图7-8　零件序号编写方式　　　　　图7-9　薄片零件序号编写

（4）同一装配图编注序号的形式应一致。

（5）对于一组紧固件以及装配关系清楚的零件组，可以采用公共指引线，如图 7 - 10 所示。

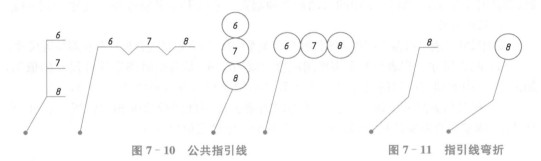

图 7 - 10　公共指引线　　　　　　　　　　　图 7 - 11　指引线弯折

（6）指引线不能互相相交；当通过剖面区域时，避免与剖面线平行；必要时允许转折，如图 7 - 11 所示。

（7）标准化的部件如滚动轴承、电动机、油杯等，在装配图上只注写一个序号。

（8）序号应标注在视图之外，并应按顺时针或逆时针方向水平或垂直地顺序排列整齐。序号编写完后，应仔细检查，确认无遗漏，方可填入零件明细栏。零部件在图样中的序号应和明细栏中的序号一致。

三、明细栏和标题栏

在装配图的右下角必须设置标题栏和明细栏。明细栏的外框为粗实线，内格为细实线；明细栏位于标题栏的上方，并和标题栏紧连在一起，如图 7 - 12 所示。明细栏是装配

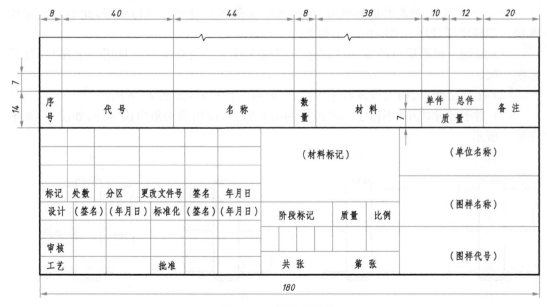

图 7 - 12　明细栏样式

体全部零部件的详细目录,其序号填写的顺序要由下而上。如空间不够时,可移至标题栏的左边继续编写。

任务四　典型装配图的识读

学习目标

1. 说出看装配图的方法和步骤。
2. 能正确识读简单装配图。

通过识读装配图,能了解机器或部件的工作原理;知晓重要零件在装配体中的位置及拆装的顺序,了解运动零件的运动方式和固定零件的连接方式;了解装配体技术要求,以便按装配图进行装配。

一、识读装配图的目的、方法和步骤

1. 识读装配图的目的

(1) 了解机器或部件的性能、规格、用途和工作原理。

(2) 了解各零件间的装配关系及拆装顺序。

(3) 了解各零件的主要结构形状及其在装配体中的作用。

2. 识读装配图的方法和步骤

1) 概括了解

读装配图时,首先要看标题栏、明细栏,从中了解该装配体的名称,组成的零件名称、数量、材料以及标准件的规格等;对照序号,查明零件所在的位置;根据视图的大小、绘图比例和外形尺寸等,对装配体有一个初步印象。

2) 分析表达方案,了解零件间的装配关系

分析表达方案,弄清各个视图的名称、所采用的表达方法和所表达的主要内容及视图间的投影关系;了解零件间的相互位置及装配关系。

3) 分析工作原理和零件间的装配关系

分析零件之间的装配关系及零件的运动形式,分析各条装配干线,明确机器或部件的工作原理及传动路线。

4) 分析视图,看懂零件的主要结构形状

从主要零件开始分析零件结构,再扩大到其他零件,几个视图结合起来看。用投影关系、剖面线方向等方法区别主要零件,分析、想象零件的作用和结构形状。

　　分析尺寸,找出装配图中的性能(规格)尺寸、装配尺寸、安装尺寸、总体尺寸和其他重要尺寸。

　　5) 归纳总结

　　在以上分析的基础上,还要进一步研究尺寸和技术要求,综合分析装配体总体结构,进一步了解装配体的装配工艺、检验要求和使用要求等。

　　应当指出,上述读图的方法和步骤只是一个概括的说明,这些步骤绝不能截然分开。实际读图时常结合尺寸标注,几个步骤交替进行。在学习和工作过程中,只有不断地积累经验,才能逐步提高读图的能力。

二、装配图识读

　　【例7-1】 识读如图7-13所示球阀的装配图(图7-14)。

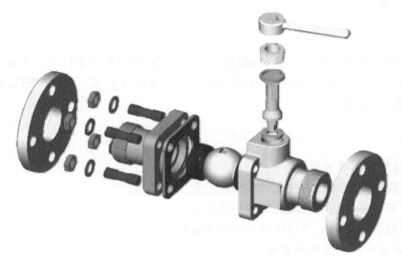

图 7-13　球阀爆炸图

　　1) 概括了解

　　该装配体共用三个基本视图来表示,从标题栏、明细栏中可以看出,该球阀共有11种零件。

　　2) 分析视图,明确球阀工作原理

　　从球阀这个名称可以得知,该部件用于管道系统中控制液体流量的大小,起开、关控制作用。

　　主视图做了全剖视,绝大多数零件的位置及装配关系已基本表达清楚。左视图采用阶梯剖,左半部分表示阀体接头1中部断面形状及阀体接头1与阀体8连接部分的方形外形;右半部分表示阀体8的断面形状及阀体8与球心3、阀杆10的装配情况;还可见阀体8右端法兰4的圆形外形及法兰上安装孔的位置;俯视图表示出整个球阀俯视情况、A-A阶梯剖的具体剖切位置、阀体8与阀体接头1的双头螺柱连接方式,以及阀开启与关闭时扳手9的两个极限位置(图中扳手画粗实线的为关闭状态,画双点画线的为开启状

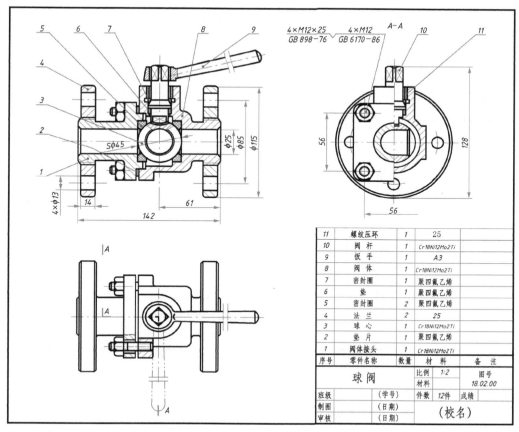

11	螺纹压环	1	25	
10	阀 杆	1	Cr18Ni12Mo2Ti	
9	扳 手	1	A3	
8	阀 体	1	Cr18Ni12Mo2Ti	
7	密封圈	1	聚四氟乙烯	
6	垫	1	聚四氟乙烯	
5	密封圈	2	聚四氟乙烯	
4	法 兰	2	25	
3	球 心	1	Cr18Ni12Mo2Ti	
2	垫 片	1	聚四氟乙烯	
1	阀体接头	1	Cr18Ni12Mo2Ti	
序号	零件名称	数量	材　料	备　注

图 7-14　球阀装配图

态）。

3）分析零件结构及作用

通过球阀左右两端法兰上的孔,用螺栓即可将球阀安装固定在管路上。球心 3 内孔的轴线与阀体 8 及阀体接头 1 内孔的轴线呈垂直相交状态。此时液体通路被球心 3 阻塞,呈关闭断流状态。若转动扳手 9,扳手左端的方孔带动阀杆 10 旋转,阀杆 10 带动球心 3 旋转,球心 3 内孔与阀体 8 内孔、阀体接头 1 内孔逐渐接通。当扳手 9 旋转至 90°时,球心 3 内孔轴线与阀体 8 内孔、阀体接头 1 内孔轴线重合。此时液体的阻力最小,流过阀的流量为最大。

4）归纳总结

在逐一弄清以上各项内容的基础上,一般可就部件的功用、性能、工作原理、结构特点和零件之间的装配关系,以及图中各视图的表达内容和尺寸等方面进行归纳总结,理解球阀的工作原理。

【例 7-2】 识读如图 7-15 所示机用虎钳装配图。

1）概括了解

机用虎钳是铣床、钻床等工作台上用于夹紧工件以便进行切削加工的常用工具。该

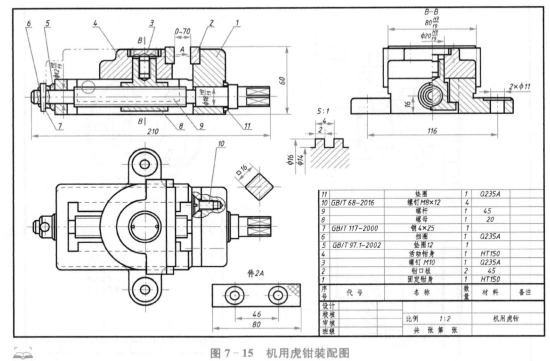

图 7-15　机用虎钳装配图

部件由 11 个零件组成,其中 3 个是标准件。

　　2)分析视图,明确机用虎钳工作原理

　　该部件采用了 6 个图形表达,其中 3 个是基本视图,另外 3 个分别是移出断面图、局部视图和局部放大图。主视图用全剖视反映了虎钳的工作原理,即旋转螺杆 9 使螺母 8 带动活动钳身左右移动,从而夹紧或松开工件。

　　3)分析零件结构及作用

　　固定钳身 1、活动钳身 4、螺杆 9 和螺母 8 共同组成了虎钳的主要结构,活动钳身 4 在螺母 8 的带动下左移,最大距离为 70,双点画线表示活动钳身的极限位置。螺母上的螺钉主要是为了调节螺母与螺杆的间隙。在活动钳身和固定钳身上各装有一块钳口板,因为它和工件直接接触并夹紧工件,所以一般要进行淬火处理。

　　4)归纳总结

　　在逐一弄清以上各项内容的基础上,一般可就部件的功用、性能、工作原理、结构特点和零件之间的装配关系,以及图中各视图的表达内容和尺寸等方面进行归纳总结,理解机用虎钳的工作原理。

附 录 螺纹及螺纹紧固件

附表1 普通螺纹直径和螺距(GB/T 193—2003、GB/T 196—2003)

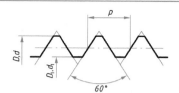

D、d—螺纹大径
D_1、d_1—螺纹小径
P—螺距

标注示例：

M24

（公称直径 24 mm、螺距 3 mm，右旋粗牙普通螺纹）

M24×1.5-LH-7H

（公称直径 24 mm、螺距 1.5 mm，左旋细牙普通螺纹，公差带代号 7H）

公称直径 D、d		螺距 P		粗牙小径 D_1、d_1
第一系列	第二系列	粗 牙	细 牙	粗 牙
3		0.5	0.35	2.459
	3.5	(0.6)		2.850
4		0.7		3.242
	4.5	(0.75)	0.5	3.688
5		0.8		4.134
6		1	0.75	4.917
8		1.25	1,0.75	6.647
10		1.5	1.25,1,0.75	8.376
12		1.75	1.25,1	10.106
	14	2	1.5,(1.25),1	11.835
16		2	1.5,1	13.835
	18	2.5	2,1.5,1	15.297
20		2.5		17.294
	22	2.5	2,1.5,1	19.294
24		3	2,1.5,1	20.752
	27	3	2,1.5,1	23.752
30		3.5	(3),2,1.5,1	26.211
	33	3.5	(3),2,1.5	29.211
36		4	3,2,1.5	31.670

注：螺纹公称直径应优先选用第一系列，括号内尺寸尽量不用，第三系列未列入。

附表 2　六角头螺栓

六角头螺栓—C 级（GB/T 5780—2016）　六角头螺栓—全螺纹—C 级（GB/T 5781—2016）

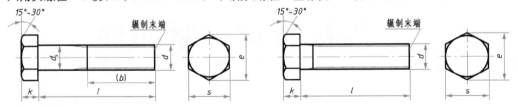

标记示例：

螺栓 GB/T 5780　　M12×50

　　（螺纹规格 d＝12、长度 l＝50、C 级的六角头螺栓）

螺栓 GB/T 5781　　M12×80

　　（螺纹规格 d＝12、长度 l＝80、全螺纹、C 级的六角头螺栓）

螺纹规格 d		M3	M4	M5	M6	M8	M10	M12	M16	M20	M24	M30	M36
(b)	l≤125	12	14	16	18	22	26	30	38	46	54	66	78
	125＜l≤200					28	32	36	44	52	60	72	84
	l＞200								57	65	73	85	97
s公称		5.5	7	8	10	13	16	18	24	30	36	46	55
k公称		2	2.8	3.5	4	5.3	6.4	7.5	10	12.5	15	18.7	22.5
e_{max}		5.88	7.50	8.63	10.89	14.20	17.59	19.85	26.17	32.95	39.55	50.85	51.11
d_{smax}				5.48	6.48	8.58	10.6	12.7	16.7	20.8	24.8	30.8	37.0
l 范围 (GB/T 5780—2016)		20～30	25～40	25～50	30～60	40～80	45～100	50～120	65～160	80～120	90～240	110～300	140～360
l 范围 (GB/T 5781—2016)		6～30	8～40	10～50	12～60	16～80	20～100	25～120	30～150	40～150	50～150	60～200	70～200
l 系列		10、12、16、20、25、30、35、40、45、50、55、60、65、70、80、90、100、110、120、130、140、150、160、180、200、220、240、260、280、300、320、340、360、380、400、420、440、460、480、500											

注：1. A 级用于 d≤24 和 l≤10d 或 l≤150 的螺栓，B 级用于 d＞24 和 l＞10d 或 l＞150 的螺栓。

　　2. 螺纹规格 d 范围：GB/T 5780—2016 为 M5～M64，GB/T 5781—2016 为 M1.6～M64。

　　3. 公称长度 l 范围：GB/T 5780—2016 为 25～500，GB/T 5781—2016 为 12～500。

附表 3　双头螺柱

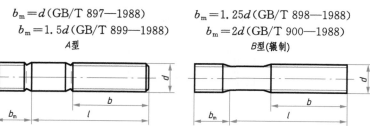

$b_m = d$(GB/T 897—1988)　　　$b_m = 1.25d$(GB/T 898—1988)

$b_m = 1.5d$(GB/T 899—1988)　　　$b_m = 2d$(GB/T 900—1988)

A型　　　　　　　　　　B型(辗制)

标记示例:

螺柱 GB/T 897　M10×50(螺纹规格 $d=10$、长度 $l=50$、B 型、$b_m = d$ 的双头螺柱)

螺母 GB/T 900　AM10×50(螺纹规格 $d=10$、长度 $l=50$、A 型、$b_m = 2d$ 的双头螺柱)

螺纹规格 d		M3	M4	M5	M6	M8	M10
b_m	GB/T 897			5	6	8	10
	GB/T 898			6	8	10	12
	GB/T 899	4.5	6	8	10	12	15
	GB/T 900	6	8	10	12	16	20
$\dfrac{l}{b}$		$\dfrac{16 \sim 20}{6}$　$\dfrac{(22) \sim 40}{12}$	$\dfrac{16 \sim (22)}{8}$　$\dfrac{25 \sim 40}{14}$	$\dfrac{16 \sim (22)}{10}$　$\dfrac{25 \sim 50}{16}$	$\dfrac{20 \sim (22)}{10}$　$\dfrac{25 \sim 30}{14}$　$\dfrac{(32) \sim (75)}{18}$	$\dfrac{16 \sim (22)}{12}$　$\dfrac{25 \sim 30}{16}$　$\dfrac{(32) \sim 90}{22}$	$\dfrac{23 \sim (28)}{14}$　$\dfrac{30 \sim (38)}{16}$　$\dfrac{40 \sim 120}{26}$　$\dfrac{130}{32}$

螺纹规格 d		M12	M16	M20	M24	M30	M36
b_m	GB/T 897—1988	12	16	20	24	30	36
	GB/T 898—1988	15	20	25	30	38	45
	GB/T 899—1988	18	24	30	36	45	54
	GB/T 900—1988	24	32	40	48	60	72
$\dfrac{l}{b}$		$\dfrac{25 \sim 30}{16}$　$\dfrac{(32) \sim 40}{20}$　$\dfrac{45 \sim 120}{30}$　$\dfrac{130 \sim 180}{36}$	$\dfrac{30 \sim (38)}{20}$　$\dfrac{40 \sim (55)}{30}$　$\dfrac{60 \sim 120}{38}$　$\dfrac{130 \sim 200}{44}$	$\dfrac{35 \sim 40}{25}$　$\dfrac{(45) \sim (65)}{35}$　$\dfrac{70 \sim 120}{46}$　$\dfrac{130 \sim 200}{52}$	$\dfrac{45 \sim 50}{30}$　$\dfrac{(55) \sim (75)}{45}$　$\dfrac{80 \sim 120}{54}$　$\dfrac{130 \sim 200}{60}$	$\dfrac{60 \sim 65}{40}$　$\dfrac{70 \sim 90}{50}$　$\dfrac{95 \sim 120}{66}$　$\dfrac{130 \sim 200}{72}$　$\dfrac{210 \sim 250}{85}$	$\dfrac{65 \sim 75}{45}$　$\dfrac{80 \sim 110}{60}$　$\dfrac{120}{78}$　$\dfrac{130 \sim 200}{84}$　$\dfrac{210 \sim 300}{97}$

l 系列	12、(14)、16、(18)、20、(22)、25、(28)、30、(32)、35、(38)、40、45、50、(55)、60、(65)、70、(75)、80、(85)、90、(95)、100~260(10 进位)、280、300,尽可能不采用括号内的数值

注:1. $b_m = d$ 一般用于旋入机体为钢的场合;$b_m = (1.25 \sim 1.5)d$ 一般用于旋入机体为铸铁的场合;$b_m = 2d$ 一般用于旋入机体为铝的场合。

2. b 不包括螺尾。

附表4　开槽螺钉

开槽圆柱头螺钉(GB/T 65—2000)、开槽沉头螺钉(GB/T 68—2000)、开槽盘头螺钉(GB/T 67—2000)

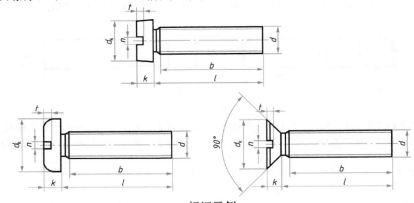

标记示例
螺钉　GB/T 65　M10×40
螺纹规格 d＝M10,公称长度 l＝40 的开槽圆柱头螺钉

螺纹规格 d		M1.6	M2	M2.5	M3	M4	M5	M6	M8	M10
GB/T 65— 2000	d_k					7	8.5	10	13	16
	k					2.6	3.3	3.9	5	6
	t					1.1	1.3	1.6	2	2.4
	l	2～16	3～20	3～25	4～30	5～40	6～50	8～60	10～80	12～80
	全螺纹 l					40	40	40	40	40
GB/T 67— 2000	d_k	3.2	4	5	5.6	8	9.5	12	16	23
	k	1	1.3	1.5	1.8	2.4	3	3.6	4.8	6
	t_{min}	0.35	0.5	0.6	0.7	1	1.2	1.4	1.9	2.4
	l	2～13	2.5～20	3～25	4～30	5～40	6～50	8～60	10～80	12～80
	全螺纹 l	30	30	30	30	40	40	40	40	40
GB/T 68— 2000	d_k	3	3.8	4.7	5.5	8.4	9.3	11.3	15.8	18.5
	k	1	1.2	1.5	1.65	2.7	2.7	3.3	4.65	5
	t_{min}	0.32	0.4	0.5	0.6	1	1.1	1.2	1.8	2
	l	2.5～16	3～20	4～25	5～30	6～40	8～50	8～60	10～80	12～80
	全螺纹 l	30	30	30	30	45	45	45	45	45
n		0.4	0.5	0.6	0.8	1.2	1.2	1.6	2	2.5
b_{min}			25					38		
l 系列		2、2.5、3、4、5、6、8、10、12、(14)、16、20、25、30、35、40、45、50、(55)、60、(65)、70、(75)、80								

附表 5 紧定螺钉

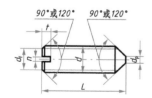

开槽锥端紧定螺钉
（GB/T 71—2018）

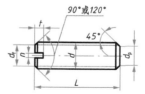

开槽平端紧定螺钉
（GB/T 73—2017）

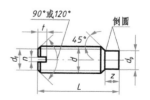

开槽长圆柱端紧定螺钉
（GB/T 75—2018）

标记示例

螺钉 GB/T 71 M5×20（螺纹规格 d＝M5，公称长度 l＝20 的开槽锥端紧定螺钉）

螺纹规格 d	P	d_f	d_{tmax}	d_{pmax}	$n_{公称}$	t_{max}	z_{max}	L 范围		
								GB/T 71—2018	GB/T 73—2017	GB/T 75—2018
M2	0.4	螺纹小径	0.2	1	0.25	0.84	1.25	3～10	2～10	3～10
M3	0.5		0.3	2	0.4	1.05	1.75	4～16	3～16	5～16
M4	0.7		0.4	2.5	0.6	1.42	2.25	6～20	4～20	6～20
M5	0.8		0.5	3.5	0.8	1.63	2.75	8～25	5～25	8～25
M6	1		1.5	4	1	2	3.25	8～30	6～30	8～30
M8	1.25		2	5.5	1.2	2.5	4.3	10～40	8～40	10～40
M10	1.5		2.5	7	1.6	3	5.3	12～50	10～50	12～50
M12	1.75		3	8.5	2	3.6	6.3	14～60	12～60	14～60
L 系列	2、2.5、3、4、5、6、8、10、12、（14）、16、20、25、30、35、40、45、50、（55）、60									

参考文献

［1］机械设计手册编委会. 机械设计手册［M］. 3 版. 北京：机械工业出版社，2009.

［2］金大鹰. 机械制图［M］. 4 版. 北京：机械工业出版社，2016.

［3］梁德本，叶玉驹. 机械制图手册［M］. 3 版. 北京：机械工业出版社，2002.

［4］胡建生. 机械制图［M］. 3 版. 北京：机械工业出版社，2017.

［5］余晓琴，杨晓红. 机械制图［M］. 2 版. 北京：机械工业出版社，2015.

［6］钱可强，姜尤德. 机械制图［M］. 北京：机械工业出版社，2017.

［7］柳燕君，应龙泉，潘陆桃. 机械制图［M］. 北京：高等教育出版社，2015.

［8］李学京. 机械制图和技术制图国家标准学用指南［M］. 北京：中国质检出版社，中国标准出版社，2013.

［9］周红，黄汉军. 机械系统拆装［M］. 上海：上海科学技术出版社，2009.